納豆くらべ

石井泰二＝監修

文苑堂編集部＝編

人も納豆もいろいろあるから面白い。
ド〜〜ン
オッス!
キラ☆
ザ・納豆ブラザーズッ!!

…だけど定番を選びがちなのも事実…
まぁ…いつものでいいよね…
そこでちょっと"冒険"してみませんか?

定番のおかめ納豆(極小粒)と比較して…
あたしが基準だよ♡
おかめ納豆
極小粒

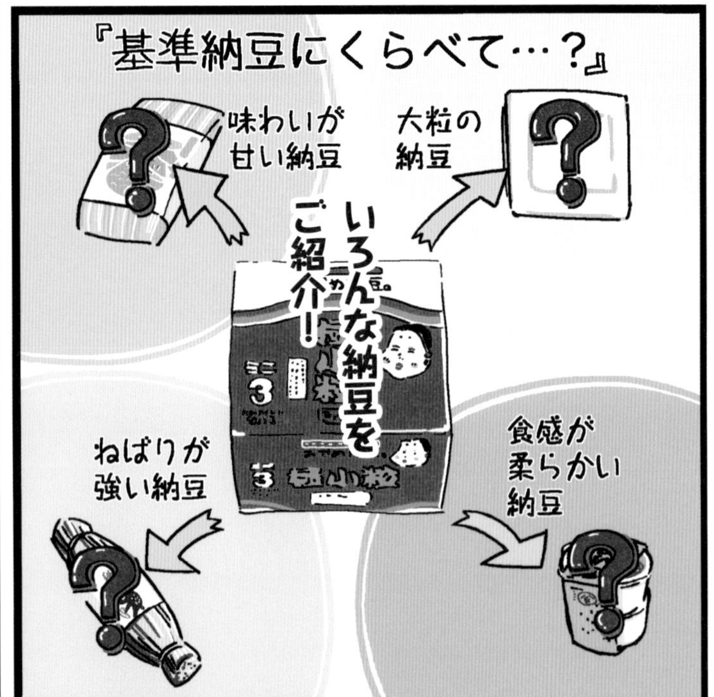
『基準納豆にくらべて…?』
味わいが甘い納豆
大粒の納豆
いろんな納豆をご紹介!
ねばりが強い納豆
食感が柔らかい納豆

さぁ〜想像してごらん。『納豆味くらべ』の始まりです!
ネバァ
ネバァ…

納豆を楽しむために

監修　石井泰二

Profile

Webサイト『納豆wiki』主宰。大手ディスプレイ企業に務めるかたわら、全国各地を訪ね、これまで実食した納豆の数は3,500種類以上。「無類の納豆好き」としてテレビ番組への出演も多数、納豆の魅力を日々発信し続けている。

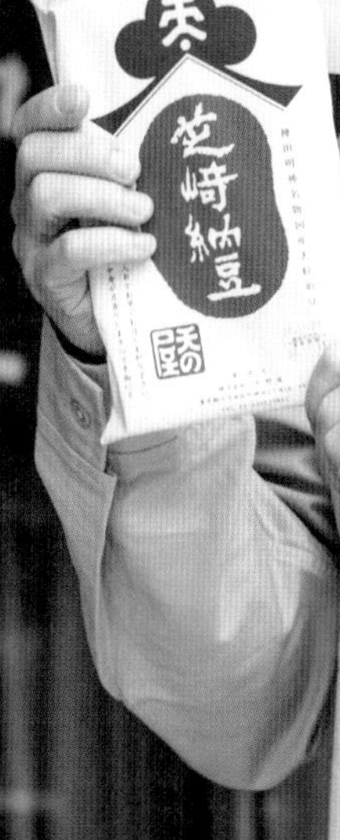

いつもと違う納豆を食べることは、
日本の食の豊かさに触れること

　この国にはいったいどれくらいの納豆があるか、皆さんご存知ですか。

　はじめまして。七転納豆探検隊の石井ともうします。わたしが納豆と真剣におつきあいを始めてから20年。その間、全国をめぐりスーパーや納豆屋さんを訪ねて食べ続けた納豆を、『納豆wiki』というサイトに記録して、掲載納豆数は2500点になろうとしています。それだけ食べたならもう日本中の納豆を食べ尽くしたのでは、とよく訊かれるのですが、そんなことはありません。食べ損ねた納豆は無数にあるし、未だ出会えていない納豆も数知れず。それどころか納豆製造参戦者は近年ますます増えてきているのです。食べ尽くすのはいったいいつの日になることとやら。

　ところで、みなさん。納豆の原材料はご存じでしょうか。

　実は、大豆と水と納豆菌の3つだけ。しかもその製法は1000年前と変わらぬまま。そんなシンプルな食べ物なのに、地域や作り手が違えば、その味も大きな違いがあらわれます。この本では、そんな全国各地の個性あふれる納豆たちを集め、食べ比べをしてみました。

　いつもと違う納豆を食べることは、日本の食の豊かさに触れることでもあると私は考えています。まずは、この本を入り口にして、地元の納豆の良さや、各地の納豆の違いに気づいていただければ幸いです。

Special Thanks
撮影協力◎天野屋
（東京都千代田区神田）

納豆くらべ もくじ

Nattou kurabe

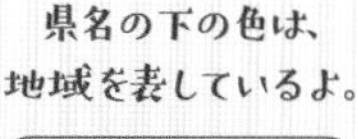

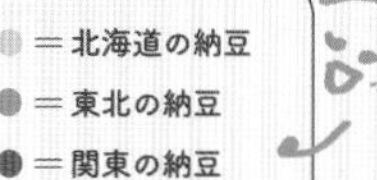

＝北海道の納豆
＝東北の納豆
＝関東の納豆
＝中部の納豆
＝近畿の納豆
＝中国の納豆
＝九州の納豆

Natto kurabe
納豆くらべ
01

おかめ納豆

極小粒ミニ3

タカノフーズ株式会社

店舗で必ずと言っていいほど陳列されているこの納豆を食べたことがない人は、少ないだろう。味わいは程よい旨味があり、甘さより苦味が強く、香りは強くないが、複雑な納豆香がする。食感は舌で潰せる程度の硬さで、粘りは非常にまとまりやすく、しっかり糸を引くタイプ。『極小粒』という品名のとおり非常に粒が小さく、ゴハンともよく絡んでくれる一品である。

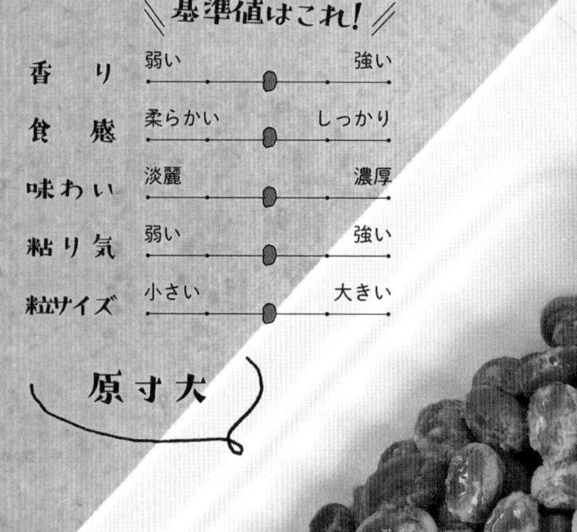

粒サイズ
1
0
基準納豆はこれ!

茨城県

Package

おいしいからこの笑顔
おかめ納豆
極小粒
ミニ3
要冷蔵

メーカー希望価格
197円(税込)
販売はこちら▶

添付品 たれ からし

糸
糸引きの良さと
粘りが自慢なのだ！
石井さんメモ
スーパーの隆盛とともに全国に販売を広げ、納豆といえば水戸納豆のイメージを定着させた立役者。関東地区だけでなく北海道・宮城・三重・岡山・佐賀と全国に製造拠点を持つのも特徴。
被
納豆菌も旨味をつくりだすしっかり〜！
粘
程よい旨味のある「ネバ」だばだ〜♪
粒
細長い極小粒が特徴なんだね〜。
混
しっかりとした粘りが生まれてよく絡むよ〜！
香
水戸納豆ならではの香りがしてくるよ〜！

納豆くらべ
Natto kurabe
02

うど川原

酒田納豆

有限会社 加藤敬太郎商店

粘りの柔らかさとキラメク糸…。粘り気は雲のようにふんわりしていて、持ち上げれば穏やかな川の流れのような、しなやかな糸引き。基準粒と同等の大きさだが、ぷっくりと膨らみ大きく見える。食感はしっかりハリのある豆で、柔らかめ。味わいは甘さと旨味が強く、苦味がない。香りも味同様に雑味を感じず控えめなので、納豆が苦手な人にもおすすめできる一品だ。

香り	弱い	強い
食感	柔らかい	しっかり
味わい	淡麗	濃厚
粘り気	弱い	強い
粒サイズ	小さい	大きい

粒サイズ…… 基準納豆
1
0

原寸大

山形県

Package

メーカー希望価格
130円(税込)

添付品 なし

石井さんメモ

創業天明8年という日本最古の歴史を誇る納豆屋さん。現工場に移転したのは水の良い場所を求めて。「美味なる納豆を作るためにできることは全てやった」と語る、こだわりの製造者。

他とは一線を画す
色白肌が
ジマンだよ！

●まるで魔法！まったく苦味がない！

被（かぶり）

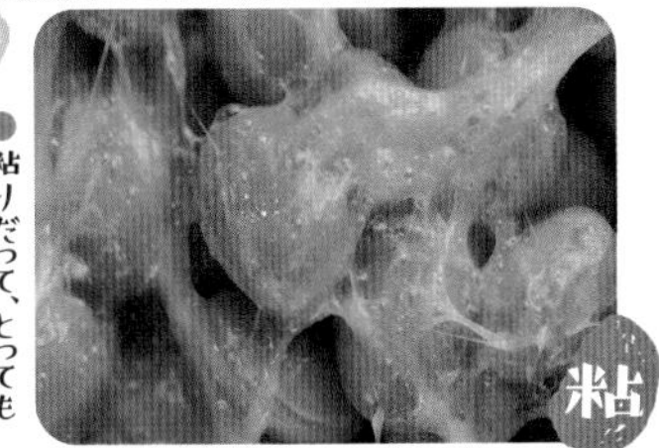

●粘りだって、とってもたっぷりしてるよ〜！

粘

●明るい豆色と、ふっくらした煮豆っ！

粒

混

○ムラのない糸引きと粘りの、美しさたるや！

香

○やさし〜い香りが、ふわりと広がるねっ！

Natto kurabe
納豆くらべ
03

国産大粒 つる姫納豆

有限会社 菅谷食品

豆を全力で感じるしっかりした歯応えが、この納豆の最大のポイント。大粒な見た目からは想像できないような、繊細で優しい味と香りは、雑味をほとんど感じず、すっきりとした豆の旨味のみを口いっぱいに広げてくれる。粘りはたっぷりで少し柔らかく、色の白い糸引き。豆は基準粒より非常に大きく、あまり粘りが絡まる感じではない。納豆単体でも楽しめる一品です。

香り	弱い	強い
食感	柔らかい	しっかり
味わい	淡麗	濃厚
粘り気	弱い	強い
粒サイズ	小さい	大きい

粒サイズ
基準納豆
1
0

原寸大

Package

メーカー希望価格
171円(税込)
販売はこちら▶

東京都

添付品 たれ からし

ほんのり甘くて、
やさしい味わい。
すてきな大粒だっ。

石井さんメモ

職人はね、納豆菌と会話できて一人前。夜中に目が覚めたら、そん時は菌が呼んでるんだから工場に行かないと。大豆が良くなきゃおいしくならないけど、そこをなんとかするのも職人（談）。

●歯応えもっちりで、食べ応えもしっかり。

●糸引きの良さも、魅力の一つだよ～！

●たっぷりの粘りが、生まれてくるよ～!!

●爽やかでほんのり甘み。香りもやさしい。

●粒ぞろいもいいし、明るい色の大豆だね～。

Natto kurabe
納豆くらべ
04

一人前の遥

有限会社 下仁田納豆

色が濃く、豆のヘソ部分が黒い『黒目大豆』なので見た目に驚くかもだが、口に含んだ瞬間その印象は一変、繊細でクリアな味わいは、まさに『大人の納豆』と言える。香り、味わいはあっさりで、豆は基準粒よりやや大きい。ほんのりした苦味のあとには豆の味わいと奥深い旨味が口いっぱいに広がっていき、シンプルなのに印象に残る『クセになる系納豆』と言える一品。

粒サイズ 基準納豆

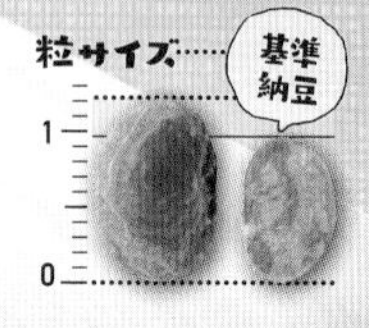

香り	弱い	強い
食感	柔らかい	しっかり
味わい	淡麗	濃厚
粘り気	弱い	強い
粒サイズ	小さい	大きい

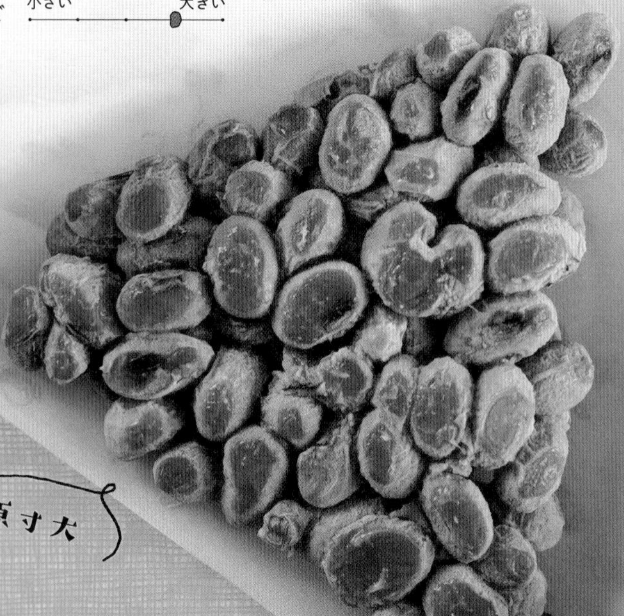

原寸大

群馬県

Package

メーカー希望価格
162円(税込)
販売はこちら▶

添付品 なし

糸
さらさらながらも、
糸引きしっかり。
石井さんメモ
サステナブルでおいしい納豆を目指したら、経木で手盛りになったと語る南都社長。使用している大豆は黒目中粒の「秋田」と呼ばれる品種で、甘みがあって深みのある味わいが特徴です。
かぶり
被
●ハリのある豆で、中身は柔らか。
混
●大粒だからそんなに糸は絡まないタイプだ。
粘
●粘りも、優しい色味をしてます。
香
●経木の香りたっぷりと、爽やかな匂いだよ～。
粒
●鮮やかなきつね色で食欲をそそるよね～。

Natto kurabe 納豆くらべ 05

つるの子大豆納豆

豆蔵 株式会社

もっちりとした歯応えと芳醇な豆の香り…。フレッシュな旨味を強く感じる味わいは、苦味なく舌の上でまろやかに広がる。ほんのりとした香りの中、甘い豆の匂いが鼻腔をくすぐり食欲を刺激する。粘りは柔らかく、丸みのある粒は、基準粒より大きい。噛み始めは歯応えがあるも徐々に柔らかくなり優しい口当たりなので、毎日食べても飽きない非常に美味な一品。

粒サイズ 基準納豆 1 0

香り	弱い ―― 強い
食感	柔らかい ―― しっかり
味わい	淡麗 ―― 濃厚
粘り気	弱い ―― 強い
粒サイズ	小さい ―― 大きい

原寸大

北海道

メーカー希望価格
198円(税込)

さすがつるの子っ！
ワンランク上の
味わい★

石井さんメモ

おいしい納豆のために、大豆の品種開発に取り組み、独自の境地を切り開いてきた豆蔵。北海道の大豆を知り尽くしたその豆蔵が選んだ「つるのこ」大豆の味わいを存分にお楽しみください。

●たっぷりとしわしわ、とろっとお肌の被り。

被（かぶり）

●粘りもよく絡んでくれる納豆だね〜。

●ころころと丸っこい粒をしているねっ！

混

○手応えも柔らかくってしっとり混ざる納豆だね！

香

●大豆の香りが、ふんわり香るよ〜。

Natto kurabe
納豆くらべ 06

三朝神倉納豆（みささかんのくら）
鳥取中央農業協同組合

神のつぶ

ふっくらとした豆の味を、柔らかい食感とともに楽しむ…。粒の大きさが基準粒より非常に大きく、ボリュームのある「神のつぶ」は、最初に苦味がほんのりとくるが、あっさりした味に仕上がっており、食後感も爽やか。香りはややしっかりめで、甘味がありフルーティな印象。粘りはふんわり泡立ち、伸びやかな糸引きの姿が美しい。まさに『神』の名にふさわしい一品だ。

粒サイズ 基準納豆 1 0

鳥取県

原寸大

Package

メーカー希望価格
オープン価格
販売はこちら▶

添付品 たれ からし

香り	弱い	強い
食感	柔らかい	しっかり
味わい	淡麗	濃厚
粘り気	弱い	強い
粒サイズ	小さい	大きい

糸
一本にまとまる
伸びやかな
糸引きだ〜!!
石井さんメモ
"スタミナ納豆"が給食の一番人気メニューという鳥取県は、おいしい納豆が多い地域。三朝神倉大豆なる在来種を醸したこの納豆も例外ではなく、豆の良さ、仕立ての良さが楽しめる。
かぶり
被
●しっとりとした色白肌をしているね。
混
○ふわっとした泡立ちと滑らかな糸引きだね。
粘
●たっぷりのネバには、ふわっとした泡立ちが!
香
○華やかで、ちょっとフルーティーな香りだ!
●ボリュームありの、ふっくら大豆だね!
粒

Natto kurabe
納豆くらべ
07

国産中粒納豆 伝説

有限会社 高丸食品(寿納豆本舗)

豆の甘い芳香をお楽しみあれ…。食感しっかりもっちり系で歯応えのあるこの納豆は、基準粒よりやや大きく、味わいはあっさり系。とても雑味が少なく優しい味で、じんわりしみる豆の甘味の後にくる、わずかな苦味がとてもニクイ。粘りの強さは基準と似ているが、糸引きはきめ細やか。若干パンチ力が弱いと感じるかもだが、毎日食べたい、日常系と言える一品だ。

香り	弱い	強い
食感	柔らかい	しっかり
味わい	淡麗	濃厚
粘り気	弱い	強い
粒サイズ	小さい	大きい

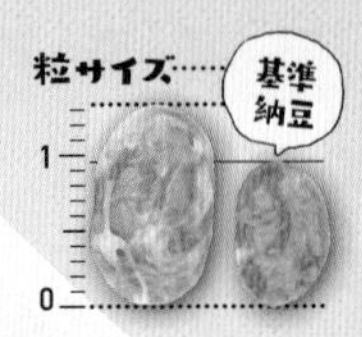

原寸大

Package

メーカー希望価格
216円(税込)
販売はこちら▶

愛知県

添付品 たれ

とっても際立つ
糸引きの美しさっ！

石井さんメモ

全国納豆鑑評会で、３年連続最優秀賞を受賞した奇跡の納豆。しっかりとした被り。甘い煮豆の香り。もっちりとした食感。甘みしっかりの豆味。その上品な仕上がりに連続受賞も納得です。

かぶり 被

●納豆菌の被りがとてもしっかりだ～！

粘

●泡立ちの舌触りも優しい納豆だよう。

粒

●ころりと贅沢な豆感が楽しめるねっ★

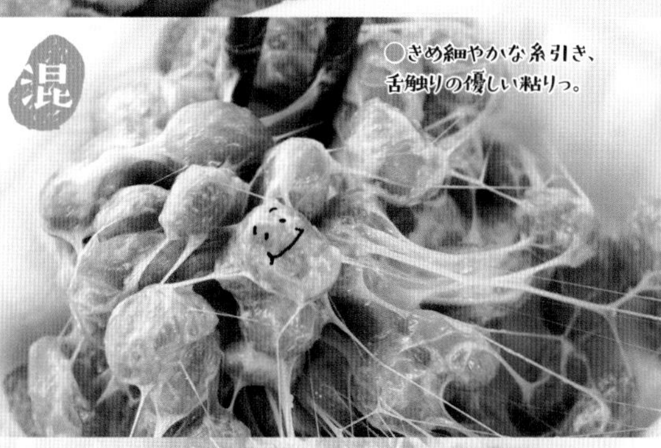

混

○きめ細やかな糸引き、舌触りの優しい粘りっ。

香

●香りは弱めだけど、ほんのりスウィート♥

Natto kurabe
納豆くらべ 08

平家納豆 小粒

こいしや食品株式会社

色白で艶やかに輝く粒は、まさに芸術品…。基準粒よりやや大きい豆は、ふっくらまん丸で食欲を刺激する。香りは軽やかでほんのり香ばしく、味わいは淡麗ながら上品な旨さ・まろやかさに仕上げられており、噛みしめると豆の甘さに出会える。混ぜると強い粘りがよく生まれ、太い糸引きで粒どうしがしっかりとまとまる。噛むほどに深まる豆の味の虜になる名品だ。

香り	弱い	強い
食感	柔らかい	しっかり
味わい	淡麗	濃厚
粘り気	弱い	強い
粒サイズ	小さい	大きい

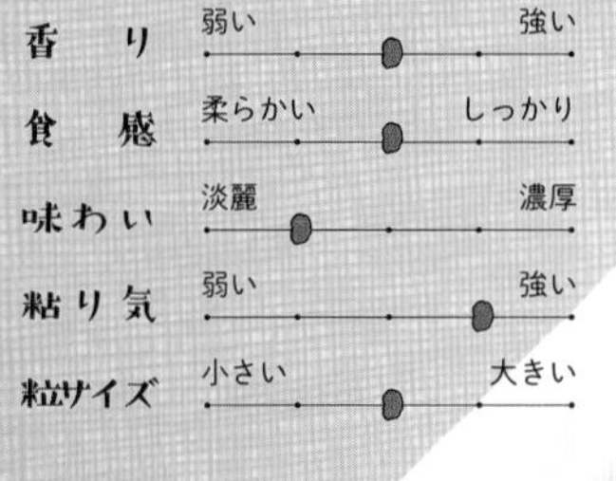

原寸大

Package
北海道産小粒大豆
平家納豆

栃木県

メーカー希望価格
149円(税込)
販売はこちら▶

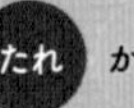

添付品 たれ からし

粘り気も強く、しっかりと粒どうしを絡めてくれるっ★

石井さんメモ

単色の掛紙に蝶紋をあしらったシンプルなデザインの平家納豆。白は大粒、緑は中粒、そして赤が小粒というパッケージの分かりやすさ。平家の末えいだというオーナーならではの意匠です。

しわしわだけど、被りはたっぷりだね。

被（かぶり）

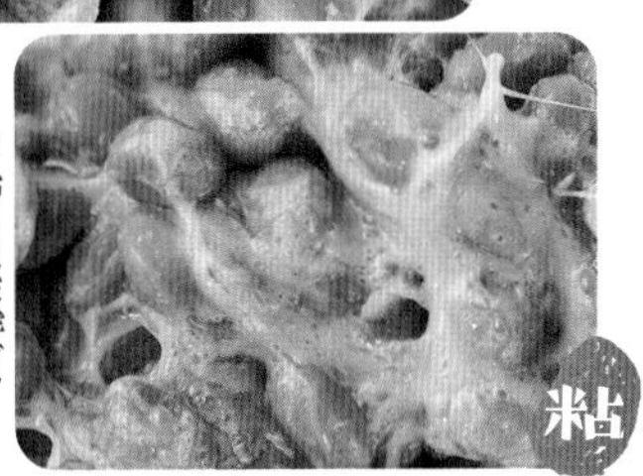

粘り気抜群で、しっかり絡まるね！

粘

混

太く生まれる粘りが、しっかり豆を絡めとる！

香

軽やかな香りだし、残り香も少ないよ～。

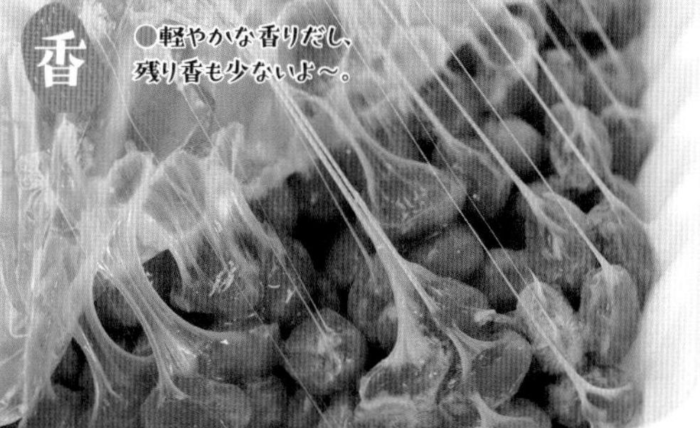

小さい粒ながらも、しっかりふっくらだよ。

粒

Natto kurabe 納豆くらべ 09

日の出っ子 ミニ3

佐藤食品工業有限会社（日の出っ子フーズ）

粒サイズ… 基準納豆

ひとたび噛みしめれば、後から追いかけてくるカドのないほのかな苦味…。粒の大きさは基準粒と同等で、しっとりしながらも歯応えある食感がポイント。味わいの印象は基準と似ているが、苦味はしっかりめ・香りは少し薄めの、さっぱり旨味仕上げ。粘りはやや強い反面、糸引きはあっさりと落ち着くので、とても食べやすい。日常に取り入れやすい一品。

香り	弱い	強い
食感	柔らかい	しっかり
味わい	淡麗	濃厚
粘り気	弱い	強い
粒サイズ	小さい	大きい

原寸大

鹿児島県

Package

メーカー希望価格
150円（税込）
販売はこちら▶

添付品 たれ

糸引き細めだけど
豆しっかりだよ〜。

石井さんメモ

日の出納豆ややんやん♪県民なら誰もが知るというCMソングが有名なメーカー。ブランドネームを背負うこの納豆は、低価格ながらまじめな造り。まさに鹿児島の食卓を担う納豆です。

●半透明で鈍い色味の被りだね〜。

被

●だけども、粘りはたっぷりしてるよ〜。

●粘りは強いけど、糸引きは細くてきれい!

○薄めの香りの中にフルーティーさがある!

●ふっくらと健康的な立体感のある粒だっ!

粒

Natto kurabe 納豆くらべ 10

洛北

株式会社 牛若納豆

味も香りもふんわりと柔らかく、上品な仕上げが魅力的…。非常に優しく、わずかに甘い豆の香り。豆はふっくらしていて基準粒より大きく、薄めの豆色もあいまって実に美しい。食感はとても柔らかくまろやかで、味わいはさっぱりしていながら、噛みしめると優しい旨味があふれ出す。しっとり上品な粘りと滑らかな糸引きで、クセがなく食べやすい日常系の一品。

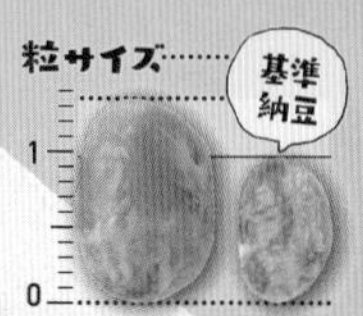

京都府

香り	弱い	強い
食感	柔らかい	しっかり
味わい	淡麗	濃厚
粘り気	弱い	強い
粒サイズ	小さい	大きい

原寸大

Package

京都 洛北 中粒納豆 国産大豆100%使用 たれ・からし付

メーカー希望価格
オープン価格
販売はこちら▶

添付品 たれ からし

石井さんメモ

前身をたどると創業は江戸期（天保以前）にさかのぼるという関西の老舗。現在は納豆発祥伝説の地＝京北地区に新たな製造拠点を移し、関西はもちろん全国各地に納豆を供給している。

しっとりと上品な白糸が納豆を包み込む…。

●薄めの豆色もなんとも美しいっ！

●粘りが豆全体を包み込んでくれるよ。

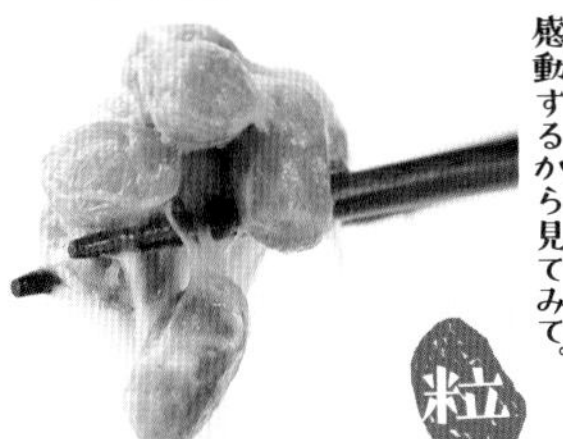

●粒ぞろいの良さにも感動するから見てみて。

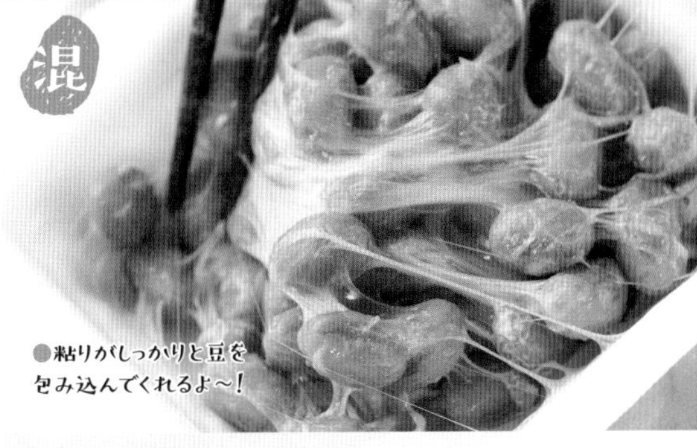

●粘りがしっかりと豆を包み込んでくれるよ～！

●ほんのりと甘さを感じて、クセが少なくて食べやすい！

Natto kurabe
納豆くらべ
11

国産 梅の花納豆

二豊フーズ株式会社（原田製油有限会社）

もっちりとした歯応えと柔らかさから生まれる、しっとり優しい味わいが食欲をそそる…。香りはかなり控えめでクセも少なく、ほのかに豆の爽やかな香り。粒の大きさは基準粒と同等で、味わいは旨味が上品に広がり、まろやかでクセなくさっぱり。粘りはやや強めで、混ぜ応えはしっとり。特製の「梅の花乳酸菌たれ」をかければ、一手間かけたおかずに大変身な一品。

香り	弱い	強い
食感	柔らかい	しっかり
味わい	淡麗	濃厚
粘り気	弱い	強い
粒サイズ	小さい	大きい

原寸大

大分県

Package

メーカー希望価格
オープン価格
販売はこちら▶

添付品

柔らかな糸引きが細やかに伸びて豆を包むっ！

石井さんメモ

しっかりの素材を使ったさまざまな味わいたれで、新境地を開き続ける二豊フーズさん。梅肉、梅酢に加え天領日田の梅から採取した乳酸菌を配合した梅の香かおる爽やかなタレが好ましい。

● 均質でうっすらと白肌の納豆だね～。

被（かぶり）

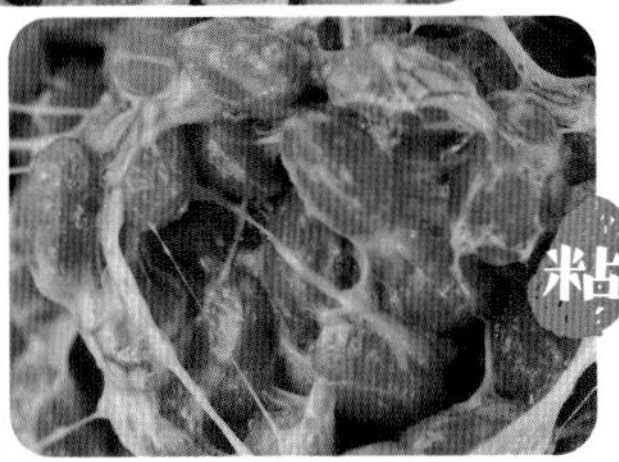

● 引きよし、伸びよし、粘りもよしだぁ～っ！

粘

● もっちりとしていて、皮までまろやかなのだ！

粒

混

● 手応えはしっとりとしてて混ぜやすいっ！

香

● ほんのりと甘みのある香りがしてくるよ。

がんこ一徹納豆

有限会社 佐々木豆腐店

噛みしめた途端、口いっぱいに広がるキレのある淡麗な味わい…。基準粒より大きく、みずみずしく大変柔らかな食感の豆がポイント。香りは控えめで爽やか、混ぜると力強い粘りが生まれる。さっぱりした中に苦味を感じる味わいながら、クリーミーな食感でまとまり、クセになる『大人味』へと昇華しているのは、まさに職人技！ じっくり味わいたい、〝がんこ〟な一品だ。

香り	弱い	強い
食感	柔らかい	しっかり
味わい	淡麗	濃厚
粘り気	弱い	強い
粒サイズ	小さい	大きい

粒サイズ
基準納豆
1
0

原寸大

広島県

Package

三次の大粒大豆
がんこ一徹 納豆
佐々木豆腐店

メーカー希望価格
165円(税込)
販売はこちら▶

添付品 たれ

糸

口のなかで
ふわりと溶ける、
やわとろ食感が
やみつき♥

石井さんメモ

広島県三次（みよし）市の豆腐屋さんが、地元産の大豆“あきまろ”を醸して作った納豆。甘い香りと柔らかな煮豆がなんとも特徴的。実は広島や地元三次でも見かけることが稀な一品です。

被（かぶり）

●繊細なほどに、柔らかい煮豆だよ。

粘

●水飴のように美しい粘りはふわふわ食感。

粒

●口のなかで寡黙に潰れる、まさにがんこ一徹だ！

混

●たっぷり粘りが生まれしっかりと絡まるね〜！

香

●淡く、ほんのりと、甘い香りがしてくるね。

Natto kurabe
納豆くらべ
13

元気納豆 ミニヨン

マルキン食品株式会社

いつもの納豆より、もう少しだけパンチ力が欲しい…。そんなアナタにオススメしたい一品っ！噛みしめるとほんのり広がる豆の味がポイント。味わいの印象は基準と似ているが、やや柔らかく滑らかな食感で、粘りも少し柔らかい。基準粒よりやや大きくぷっくり丸い見た目と、雑味が少ない繊細な香りで、食欲をそそること間違いなし！ぜひ食べ比べて欲しい一品。

粒サイズ
基準納豆
1
0

香り	弱い	強い
食感	柔らかい	しっかり
味わい	淡麗	濃厚
粘り気	弱い	強い
粒サイズ	小さい	大きい

原寸大

熊本県

Package

メーカー希望価格
194円(税込)
販売はこちら▶

添付品 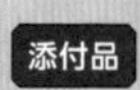 たれ 

納豆にうるさい熊本県民もナットクのナットウだよ♪

石井さんメモ

納豆王国・九州の中心地、熊本で愛され続けてきた「元気納豆」の原点ともいえる商品がこちら。伝統の味を守るため、輸入の難しい中国産大豆をあえて使い続けるこだわりが素敵です。

●しっとり柔らかな食感でうれしい〜♪

被

●粘りもみずみずしさを感じてくるよ〜！

粘

混

●輝くような粘りもたっぷり生まれるね！

香

●香りは弱めだから食べやすさもありっ！

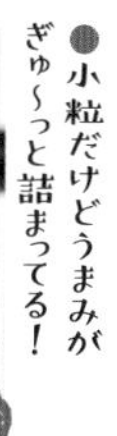

●小粒だけどうまみがぎゅ〜っと詰まってる！

粒

Natto kurabe 納豆くらべ 14

東京納豆 大粒

太平納豆 株式会社

本気で豆の旨さを堪能したいならコレ！ 爽やかで香ばしい香りの奥に、ひっそりと感じる甘さ…。味わいは、さっぱりしつつも旨味が強く、ほのかな甘味が食欲を刺激する…。基準粒より大きく、黒目の大豆が特徴。粘りや糸引きも強く、丈夫で野太い。食感もしっかりした歯応えがあるが、噛めばしっとり柔らかくなり、非常に食べやすい。豆好きに絶対オススメの一品だ。

香り	弱い	強い
食感	柔らかい	しっかり
味わい	淡麗	濃厚
粘り気	弱い	強い
粒サイズ	小さい	大きい

粒サイズ 基準納豆 1 0

原寸大

Package

メーカー希望価格
170円（税込）

東京都

添付品  たれ からし

キレのある豆味で
うまみもたっぷり！

石井さんメモ

中粒黒目の大豆こそが本来の東京納豆。ところが、いつの間にか小粒が主流となり、絶滅寸前となった東京納豆を継承したのがこちら。手盛りでなければこの味が出ないというのも興味深い。

●とろっとした透明な被りのある納豆だね。

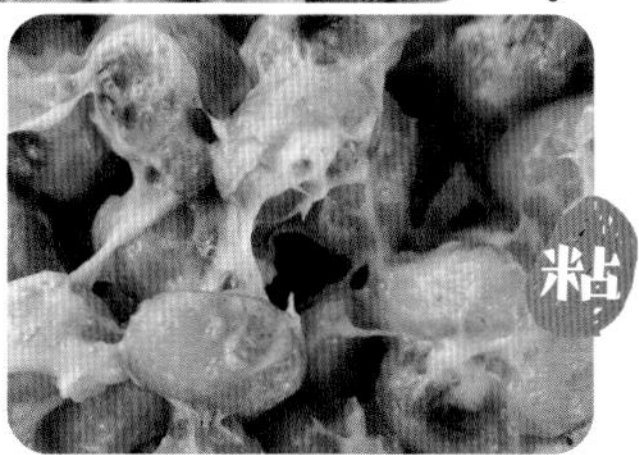

●このたくさんのネバ、全部うまみだぞっ！

●しっかり黒目の大粒大豆がかわいいよね♥

●とってもしっかりな粘りが生まれてくる！

●秋田大豆の独特の香り、奥には甘さが！

Natto kurabe
納豆くらべ 15

国産
大力納豆
株式会社 大力納豆

噛みしめた瞬間に広がる爆発的な味の広がり！雑味のないクリアで上品な香りと、ゆでたての豆のようなふっくらで柔らかい食感。ぎゅーと濃縮された味わいは、クセなく甘みと旨味が非常に強い。粘り強めで糸引きも良く、豆は基準粒よりやや大きく、サイズが均一で見た目も非常に美しくほれぼれする。納豆嫌いの人でも絶対おいしく食べられる、オススメの一品。

香り	弱い	強い
食感	柔らかい	しっかり
味わい	淡麗	濃厚
粘り気	弱い	強い
粒サイズ	小さい	大きい

粒サイズ 基準納豆
1
0

原寸大

新潟県

Package

メーカー希望価格
オープン価格
販売はこちら▶

添付品 たれ

糸
しっかりたっぷりの
糸引きが芸術品っ!
石井さんメモ
製造時、すべてのバッチの納豆を試食し、その味わいに間違いが無いものだけを出荷するというこだわりぶり。水の良さや豆へのこだわり、そしてそれを支える人の知恵や技を大切にした納豆。
かぶり
被
●うまみをたっぷり含んだ白被りに包まれ♥
粘
●混ぜると粘りが納豆を包み込んでくれる!
粒
●小粒なのにふっくら・もっちりの食感もイイ!
混
●とってもコシが強い!
混ぜ応えが楽しいぞ〜!
香
●混ぜるほど香ばしく!
香りが強くなってくよ〜!

Natto kurabe
納豆くらべ
16

弁慶納豆

有限会社　碓井商店

口に広がる濃厚な豆の旨味…！少し控えめの香ばしい納豆香で、シワがなくふっくらした豆は、基準粒より大きく、食感は始めはしっかりめだが、噛むとクリーミーな柔らかさになる。味わいはまろやかでクセがなく、とても旨味が強いので食べやすい。粘りは柔らかめだが、泡立ちがよく滑らかで食欲をそそる。毎日食べても飽きない、日常に取り入れたい一品だ。

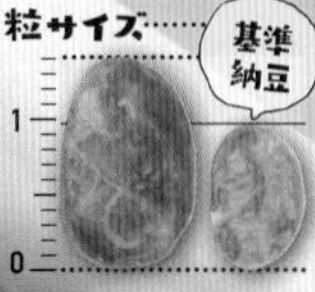

項目		
香り	弱い	強い
食感	柔らかい	しっかり
味わい	淡麗	濃厚
粘り気	弱い	強い
粒サイズ	小さい	大きい

粒サイズ　基準納豆　1　0

和歌山県

原寸大

Package

メーカー希望価格
オープン価格

添付品　たれ　からし

個性控えめで
あっさり。うーん、
食べやすいっ！

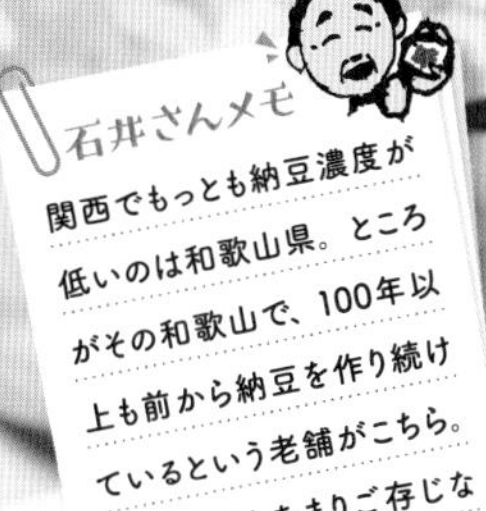

石井さんメモ

関西でもっとも納豆濃度が低いのは和歌山県。ところがその和歌山で、100年以上も前から納豆を作り続けているという老舗がこちら。県民の方もあまりご存じなかったというから楽しい。

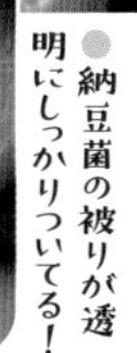

●納豆菌の被りが透明にしっかりついてる！

●柔らかいけども、たくさんねばーる。

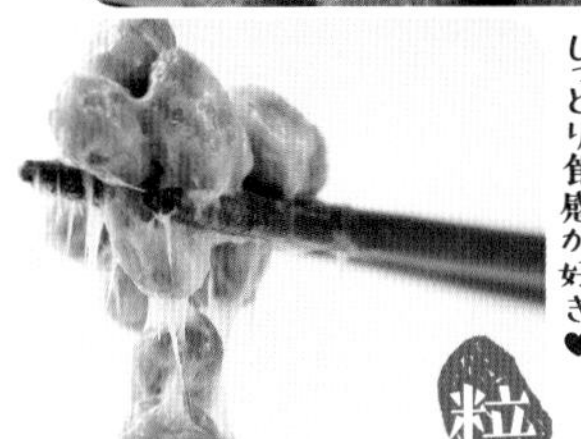

●柔らかな煮豆のしっとり食感が好き♥

○糸引き強めだけど、のびのびしてて美しい！

○さっぱり爽やか、控えめな香りだよ。

Natto kurabe 納豆くらべ 17

丹念納豆

株式会社 竹之下フーズ（高千穂工場）

力強い香りなのに刺激弱く、爽やかで香ばしい芳香。粒ぞろいの豆は基準粒より大きく、食感はとてもしっかり。味わいは旨味たっぷりで粘りにも濃厚な味があるが、後味が尾を引かず、さっぱりしていて非常に食べやすいのもポイント。粘りもとても強く、丈夫でキリッと力強い糸引き。しっかりした歯応えと濃厚な味わいで、がっつり納豆を食べたい時にオススメの品。

香り	弱い	強い
食感	柔らかい	しっかり
味わい	淡麗	濃厚
粘り気	弱い	強い
粒サイズ	小さい	大きい

宮崎県

原寸大

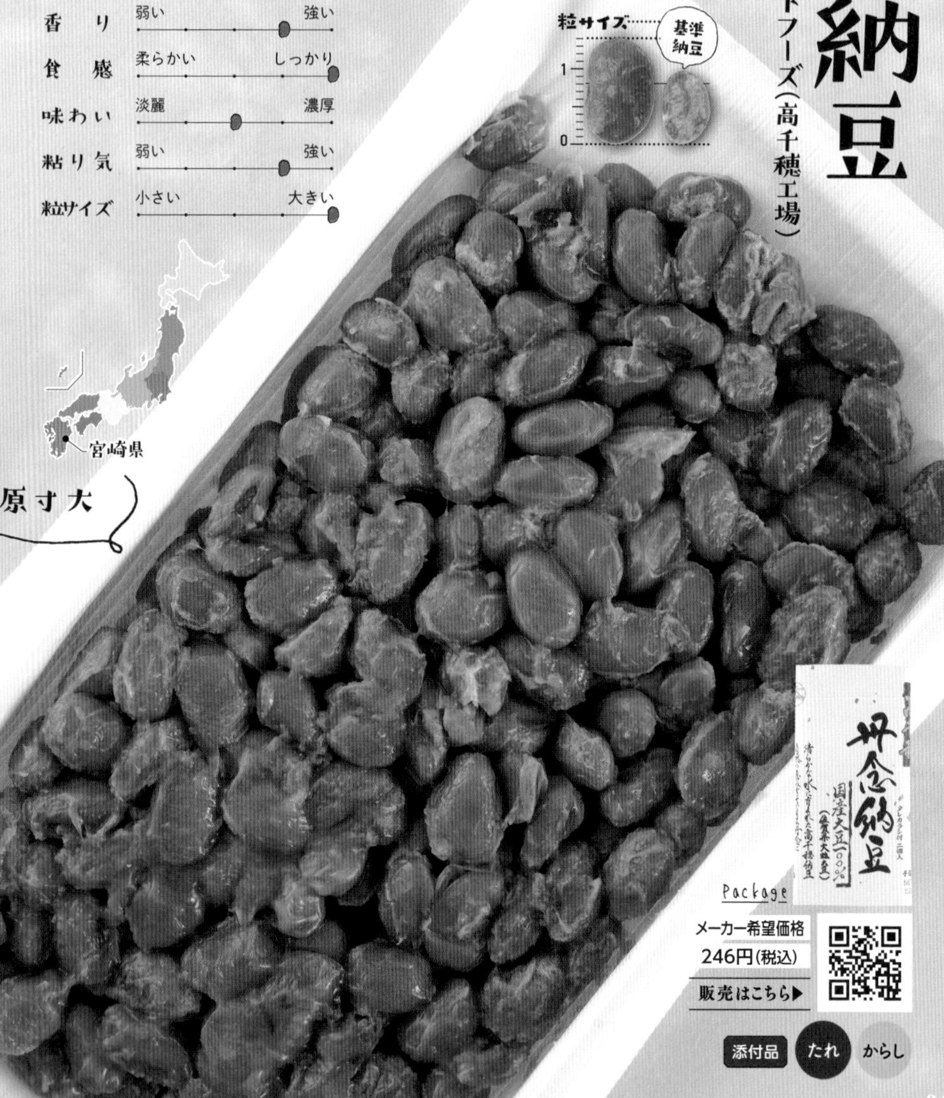

Package

メーカー希望価格
246円（税込）
販売はこちら▶

添付品 たれ からし

糸
うまみとコク味があふれでるっ！強い味わいだ〜。
石井さんメモ
豆は佐賀産大粒大豆、水は霧島山系天然水。大手メーカーながら、地元九州の素材を大切にして作り上げたこん身の一作。独特の舟形の容器も珍しい。最近は東京でも見かけるようになりました。
被
とろっと肌タイプの納豆菌被りだね〜。
粘
粘りまで複雑なうまみにあふれてる！
粒
よく見ると目の部分が茶色くってかわいいよね。
混
糸引きも粘りもよくて、しっかりたっぷり伸びる！
香
始めは甘めだけど、後からふくよかさが！

Natto kurabe
納豆くらべ
18

女神の納豆

有限会社 カミノ製作所(かみのや)

圧倒的な噛み応えで、満腹感も抜群! 色白でハリのあるしっかり硬めの食感は、一度食べたら癖になるかも…? 香りやや強めで雑味が弱く、穀物のようなクリアさ。味わいは食感も相まって豆の味をしっかり感じられ、糸引きも粘りも相当強い。豆は基準粒よりやや大きく、「ふくいぶき大豆」というイソフラボン含有量の多い品種の大豆で、美容効果も期待できるかもな一品!

香り	弱い	強い
食感	柔らかい	しっかり
味わい	淡麗	濃厚
粘り気	弱い	強い
粒サイズ	小さい	大きい

粒サイズ 基準納豆 1 0

原寸大

Package

女神の納豆

メーカー希望価格
170円(税込)

添付品 たれ  からし

福島県

色白で粒ぞろいの良いその姿、まさに女神っ★

石井さんメモ

本業は機械部品製造ながら、これからは食品の時代だと納豆製造を始める。震災で工場を失うが2015年に復活、地の大豆を活かし、老舗メーカーの納豆を復活させるなど多彩な取組みをみせる。

●うっすらと均質な白い肌がきれいだ～！

●皆さんお待ちかねの「ネバ」もしっかり♥♥

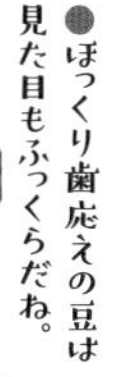

●ぽっくり歯応えの豆は見た目もふっくらだね。

●泡立つような粘りもチャームポイントだね！

●奥からふんわりと、甘みが広がってくる♪

Natto kurabe 納豆くらべ 19

納豆革命

株式会社 国際米流通センター

噛むほどに広がる大豆の旨味！ボリューム感のある豆は基準粒より非常に大きく、きゅっと身が引き締まったホックリ食感。香りは薄く、食べ始めはあっさりしていてドライな印象だが、どんどん広がる旨味とほのかな苦味で、食欲が止まらない！粘り強め、糸引きも丈夫で伸びがいい。とにかく極大粒なので、食べ応え抜群ッ！ゴハンにかけるより単体オカズで食べたい一品です！

香り	弱い	強い
食感	柔らかい	しっかり
味わい	淡麗	濃厚
粘り気	弱い	強い
粒サイズ	小さい	大きい

福島県

粒サイズ 基準納豆

原寸大

Package

※パッケージ・商品名は変更になる場合がございます。

販売者希望価格 オープン価格

販売はこちら▶

添付品 なし

石井さんメモ

自社栽培大豆を醸した納豆だけど、名前がすてきで、送り手の想いもすてきなのでご紹介。「宝の山・会津磐梯山と猪苗代湖が創り出す、大自然の恵み『安心と安全』をお届けします」。

ふっくらとした
大ぶりの豆っ。
粒ぞろいも
美しいよ～！

●たっぷりの被りは、繊細な透明感だね♪

かぶり 被

●とても丈夫な粘りが生まれてくるよ～。

●フレッシュな豆色で、滑らかな豆味がするね。

●混ぜるほど粘って、期待の高まる引きだ！

●大豆は香ばしくて、奥には力強さもある！

納豆くらべ 20

Natto kurabe

安曇野納豆

2P

ひげた食品株式会社

さっぱりした豆の甘さが食欲を刺激する！少ししっかりめの納豆香は甘さが際立ち、豆は基準粒よりやや大きく、粒ぞろいも良い。粘り具合は基準に近いが、糸引きは滑らかで伸びが良い。歯応えのあるしっかり食感なので食べ応えもバッチリで、噛めば噛むほど、豆の旨味が口いっぱいにあふれる！豆の甘みを引き立たせて食べられる「藻塩」が付いた、大人向けな一品。

香り	弱い	強い
食感	柔らかい	しっかり
味わい	淡麗	濃厚
粘り気	弱い	強い
粒サイズ	小さい	大きい

粒サイズ　基準納豆　1　0

原寸大

茨城県

Package

AZUMINO

安曇野

長野県産大豆100%使用

45g×2

メーカー希望価格

194円（税込）

販売はこちら▶

添付品　藻塩

糸
食べるたびに
おいしくなってる!?
進化する納豆だ〜！
石井さんメモ
常務の塙さんは「うちの納豆をもっと良くしたい」と思い、研究のため先輩達の工場をめぐる中、出会ったのがこちらの大豆。この豆をどうしても使いたいとお願いしたところ、ご快諾いただいたのだとか。
しわが少なくってたっぷりの被りだよ。
かぶり 被
混
混ぜれば分かる！粘りも輝いてるのだ！
粘りがたっぷりっ！ネバラー向きだよ★
粘
香
なんといってもこの、甘い香りの強さが◎！
ぷりぷりな大粒は、糖度が高くておいしー！
粒

Natto kurabe
納豆くらべ
21

おらが街納豆

内藤食品工業株式会社

あっさりと爽やかな旨味が印象的な納豆。ふっくらとした豆は、基準粒より大きく、香りは強めで、豆の香ばしさが特徴。食感は、始めややしっかりで、噛めば身がぎゅーと詰まったようなもっちり食感！味わいは強いが、軽やかな豆の味を存分に楽しめるので食べ飽きない。粘りは強めで、糸引きの伸びもいい。大豆の旨味を極限まで引き出し、タレ無しでも楽しめる一品！

粒サイズ

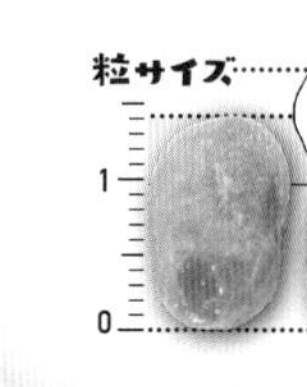

香り	弱い	強い
食感	柔らかい	しっかり
味わい	淡麗	濃厚
粘り気	弱い	強い
粒サイズ	小さい	大きい

原寸大

北海道

Package

道産大豆使用
おらが街
45g×3

メーカー希望価格
204円(税込)
販売はこちら▶

添付品 なし

石井さんメモ

SNS上で寄せられた支援の輪や、ゲーム『龍が如く7』の回復アイテムへの採用などで全国レベルの知名度を誇る納豆。だがその実態は、地域に根ざし、丁寧な納豆作りを続ける納豆屋さん。

納豆菌たちがのびのびしてるっ！糸引きもたっぷり♥

納豆菌の被りも、たっぷりとのびのび。

混ぜるほど強くなる糸引きと粘りが楽しい！

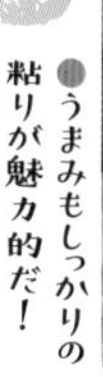

うまみもしっかりの粘りが魅力的だ！

こく味のある香りでとっても香ばしいよ～。

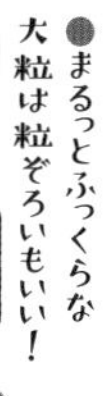

まるっとふっくらな大粒は粒ぞろいもいい！

Natto kurabe
納豆くらべ
22

美瑛(びえい)の丘

有限会社 羊蹄食品(なかいさんちの手造り納豆)

クセ少なく雑味のないまろやかな旨味と甘みがクセになる！ 香り爽やかで味わいも苦味や雑味がない分、豆の甘さがしっかりと口に広がり、後味には豆の旨味だけが残る。豆は基準粒より大きく、食感はしっかり歯応えがありながらモチモチしていて、粘りはとても強く、糸引きも良い。大豆のポテンシャルを極限まで引き出した、まさにシンプル・イズ・ザ・ベストな一品！

粒サイズ
基準納豆

香り	弱い	強い
食感	柔らかい	しっかり
味わい	淡麗	濃厚
粘り気	弱い	強い
粒サイズ	小さい	大きい

原寸大

北海道

Package

メーカー希望価格
268円(税込)
販売はこちら▶

添付品 たれ

糸
たっぷりもっちり甘い
北海道のうまみ、
いただきま〜すっ！
石井さんメモ
北海道大豆の生き字引ともいわれる中居社長。お会いする度に、北海道の大豆事情などを教えていただきます。あまたある良き豆を醸した良き納豆のうち、私のお気に入りがこちらです。
被
納豆菌の被りも、とってもきれいだよ！
粘
粘りもしっかりと力強くてすてき〜♥
粒
色の濃ゆい豆色は、ほんのりと光沢あり♪
混
力強くて混ぜるのが大変、うれしい悲鳴っ！
香
枝豆のような甘〜い香りで、とってもグー♥

Natto kurabe
納豆くらべ
23

星の子なっとう 極小粒

社会福祉法人はこべ福祉会 はこべの家

小さな豆の中に濃縮された極上の旨味！香りは控えめながら、雑味が少なくほんのり甘めで、納豆特有の香りも弱い。柔らかい歯応えでほんの少しだけ皮が残る食感も良く、豆を味わう満足感も高い。噛むほどに旨味がふわりと広がり、後味もさっぱりしていて食べ飽きない。粘りや大きさは基準と同等で、極小粒ラヴァーで旨味を求める人におすすめしたい一品！

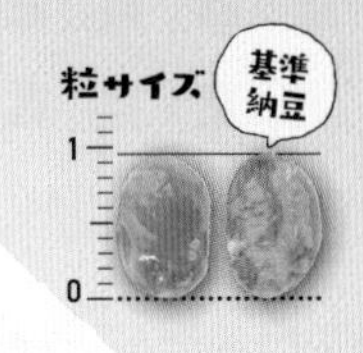

香り	弱い	強い
食感	柔らかい	しっかり
味わい	淡麗	濃厚
粘り気	弱い	強い
粒サイズ	小さい	大きい

原寸大

福井県

Package

メーカー希望価格
150円(税込)
販売はこちら▶

添付品 たれ からし

粒よりがとってもきれい！
糸引きも負けず美しい〜♥

石井さんメモ

手選りに手盛り。障がいのある方の就労を支援する施設だから可能な、丁寧な仕事の積み重ねから生まれる上質な納豆。大豆はここまでおいしくなれるのかと驚くこと間違いありません。

被（かぶり）

●おしろいをつけた淡肌みたいだね〜。

粘

●混ぜ終わってからもたっぷりと粘るよ！

粒

●北海道産大豆100％、極小粒でこの旨味…！

混

●細い粘りがたくさん生まれてくるよ〜っ★

香

●香りが強くないから、食べやすさもグッドっ！

Natto kurabe

納豆くらべ 24

小粒ねぎ味噌納豆

山口食品株式会社（山口納豆）

舌で潰せるほどの、柔らか食感がクセになる！香りはほんのり甘いさっぱり系。味わいは、濃さがありつつも優しい味で、旨味と豆の甘さがゆっくりと広がる。豆の見た目にハリがあり、基準粒と同等の大きさ。粘りの強さも基準と近く、とにかく驚くほど柔らかい！個性の主張が控えめなので、付属の「ねぎ味噌ダレ」の濃厚さとも相性抜群ッ！一度は食べて欲しい一品。

粒サイズ 基準納豆

項目	左	右
香り	弱い	強い
食感	柔らかい	しっかり
味わい	淡麗	濃厚
粘り気	弱い	強い
粒サイズ	小さい	大きい

原寸大

Package

大阪府

メーカー希望価格 150円（税込）

販売はこちら▶

添付品 たれ

糸

柔らか〜い煮豆！
糸引きも粘りも
やさし〜！

石井さんメモ

「大豆と工場が直結しているようなもんですよ」地元で大豆栽培を手がけ、地元産納豆を作り、納豆の味を知ってほしいと工場隣接の大豆食堂を始め、周辺での移動販売に取り組む、熱き志の社長です。

被（かぶり）

●白い被りの下には、超柔らかなお豆が！

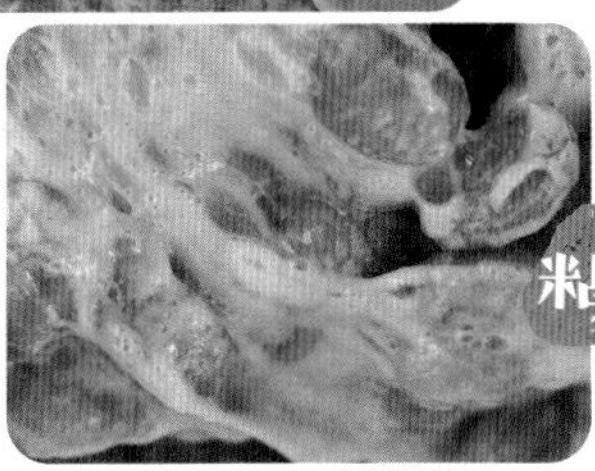

粘

●粘りにはしっかりと手応えがあるよ〜♪

粒

●豆色は濃い色だけど、粘りがしっかり包んでる♥

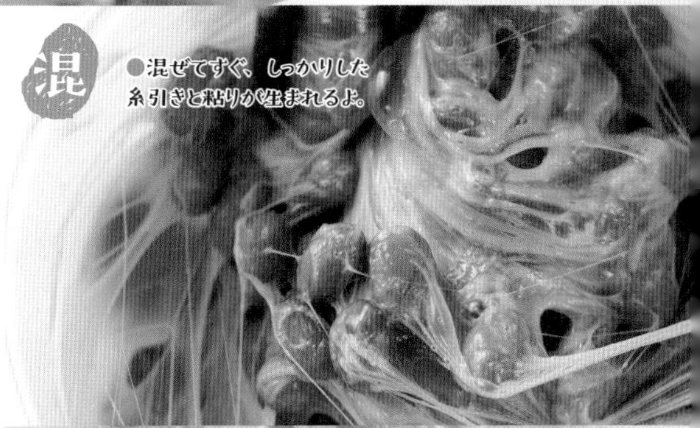

混

●混ぜてすぐ、しっかりした糸引きと粘りが生まれるよ。

香

●食べている最中に、ほのかに香ってくれる！

Natto kurabe
納豆くらべ
25

海の賜（たまもの）納豆

有限会社 まるさ食品（伊豆納豆）

旨味、甘み、豆の味わい。折り重なるように訪れる味のハーモニー！豆の大きさは基準粒と同等で、香りはほんのりと香ばしい。食感はややしっかり系で、皮と実が均質なので口当たりも非常によく、バランスの良いまろやかな味わい。納豆全体が持ち上がるほどのパワフルな粘りも、海洋深層水の使用が関係ある様子。特別なときに食べたい、ワンランク上の良品！

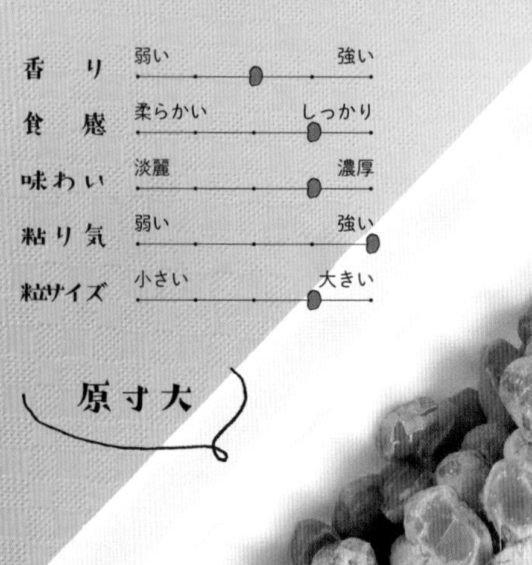

香り	弱い	強い
食感	柔らかい	しっかり
味わい	淡麗	濃厚
粘り気	弱い	強い
粒サイズ	小さい	大きい

原寸大

粒サイズ 基準納豆 1 0

静岡県

Package

伊豆赤沢海洋深層水800m
海の賜
伊豆納豆
まるさ納豆
小粒

メーカー希望価格
オープン価格
販売はこちら▶

添付品 たれ からし

糸

伊豆に名品あり！
職人技輝く納豆に、
思わずうなるっ！

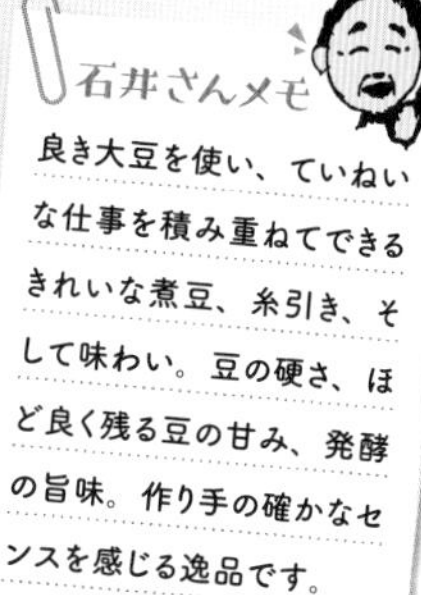

石井さんメモ

良き大豆を使い、ていねいな仕事を積み重ねてできるきれいな煮豆、糸引き、そして味わい。豆の硬さ、ほど良く残る豆の甘み、発酵の旨味。作り手の確かなセンスを感じる逸品です。

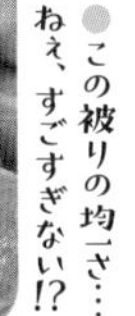

被（かぶり）

●この被りの均一さ…ねえ、すごすぎない!?

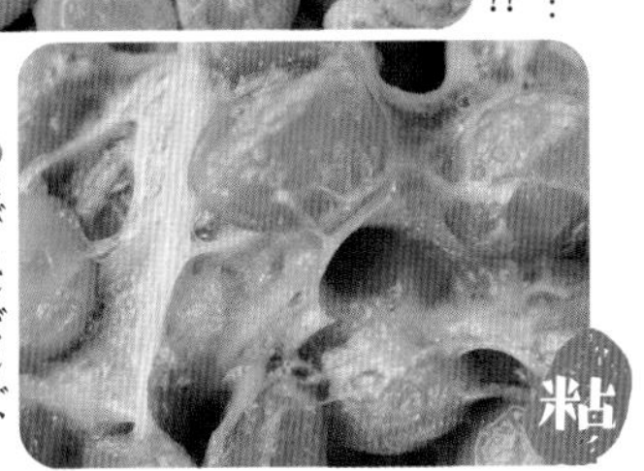

粘

●ネバーエンディング、限りないネバネバっ！

粒

●はつらつとした豆色、とっても印象的だ～★

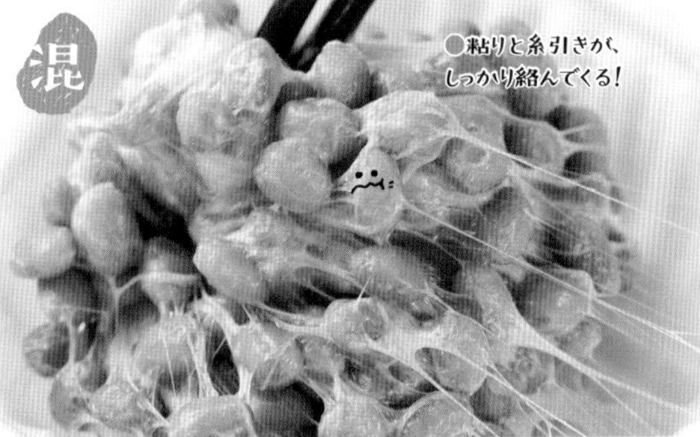

混

○粘りと糸引きが、しっかり絡んでくる！

香

○えぐみや嫌味のない甘い香りが魅力的♥

IFTSI ♥ NATTO GIFTSI ♥ NATTO GIFTS

なっとう、集めてみました。

レルヒさんのカレー納豆

オープン価格

白米との相性があまりにも抜群。

表参道・新潟館
ネスパス

夏野菜+納豆でゴハンが止まらない!!

旨爽(うまそう)納豆

362円(税込)

夏季限定

株式会社
ふれあい下妻

伊達藩 納豆パスタ

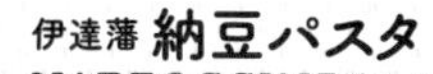

NATTOCCINE(ナットチーネ)

810円(税込)

白米と納豆を混ぜてできたもっちり麺!!

伊達藩
納豆ヌードル
NATTOMEN(ナットメン)

648円(税込)

グリーンパール
納豆本舗

こごいら納豆《キムチ味》

334円(税込)

日常で食べたい違和感のなさ!

ワイン de ナットーネ《トマト&バジル味》

324円(税込)

ちょっと洋風にクラッカーでも◎

丸真食品
株式会社

納豆茶漬け

280円(税込)

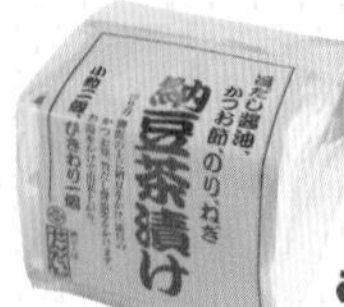

ありそうでなかった、おいしい組み合わせ!

株式会社
せんだい

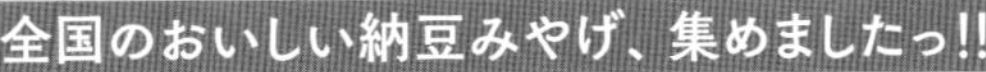

全国のおいしい納豆みやげ、集めましたっ!!

日本全国のお土産

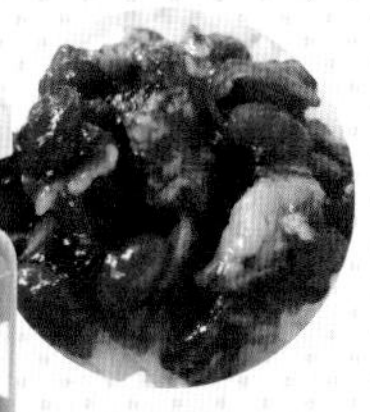

このコラボは箸が止まらない!

奥野食品
株式会社

松阪牛納豆(まつさかうし)

1,350円(税込)

磐梯黄金納豆パン(ばんだいこがね)

220円(税込)

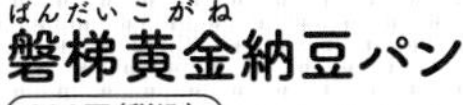

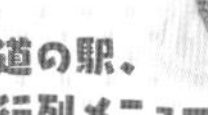

道の駅、行列メニュー。

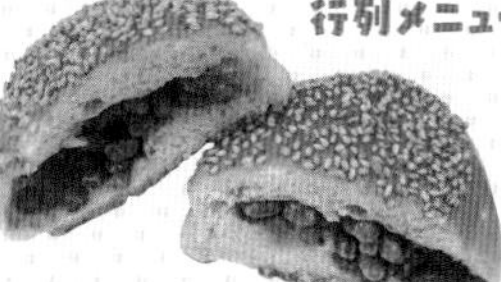

有限会社
金子製パン店

京都・山国の郷土料理が食べやすいサイズで登場!

山国さきがけ
センター

納豆もち

160円(税込)

兼六園 寄観亭

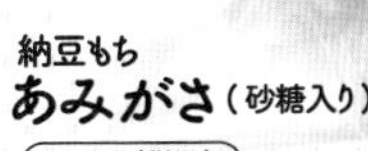

納豆もち あみがさ(砂糖入り)

400円(税込)

納豆もち(5枚入)

700円(税込)

手巻納豆

702円(税込)

食べ始めたら止まらない! サクサクおやつ★

銀座あけぼの

納豆スナック パリントウ®

324円(税込)

金砂郷食品
株式会社

納豆どれっしんぐ

680円(税込)

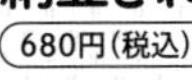

あっさり味でヘルシー派へのおすすめはコレ。

納豆BAR
小金庵

納豆スイーツ

黒豆納豆アイス

12個入り 3,292円(税込)

株式会社
小杉食品

しあわせの常陸野和っふる

173円(税込)

金砂郷食品
株式会社

伊達藩
チョコ納豆
トリュフ王妃

594円(税込)

グリーンパール
納豆本舗

納豆ショコラZERO

1,566円(税込)

ミルク(ナッツ)

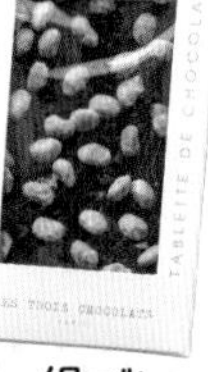

ノワール
(フランボワーズ)

使用されている「おつまみ納豆」も大人気商品♪

そのもの
株式会社

納豆ドーナツ

145~195円(税込)

株式会社
せんだい

きなこ、プレーン、チョコレートなど、10種類以上あり♪

白ごま納豆パフェ

680円(税込)

まちのちいさな
パフェ屋さん
(食べログ)

クレープ
なっとうチョコソース
コーヒーゼリー生クリーム

400円(税込)

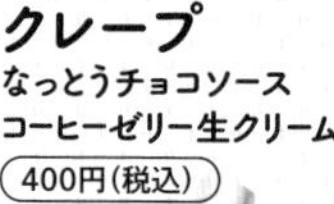

アンドレア

醍醐
納豆コーヒー
ゼリーサンド

T.O 356円(税込)

IN 363円(税込)

鞍馬サンド

博多の絶品
納豆スポット

まさかっ
全部納豆!?
特製スイーツ
♥特集♥

博多フードパーク
納豆家 粘ランド

「納豆とスイーツって本当に合うの?」→答えはYES!!!!! 今回は、一度食べれば もう止まらない♥ ほぼ全てのメニューに納豆を使っている納豆料理専門店『粘ランド』の計算され尽くされた絶品納豆スイーツを紹介しちゃいます!

◀納豆
チョコロールケーキ

400円(税込)
キャラメルクリームのほろ苦さと納豆のほろ苦さが好相性◎

▶スイート
納豆モンブラン

490円(税込)
タルトにスイートポテトと味つけした納豆が練りこまれている。上部はフランス産マロンクリーム。

スイーツ
一番人気
♡♡♡

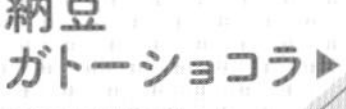

納豆
ガトーショコラ▶

450円(税込)
ビターチョコと納豆、ビターどうしの甘美な味わい♪

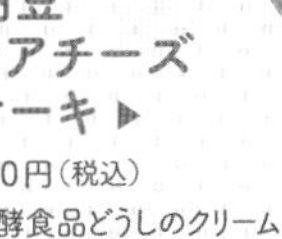

納豆
レアチーズ
ケーキ▶

450円(税込)
発酵食品どうしのクリームチーズ+納豆は感動のマリアージュっ!

(上)納豆ティラミス▼
(下)納豆キナミス

各450円(税込)
マスカルポーネと納豆が生み出すコクのハーモニー!

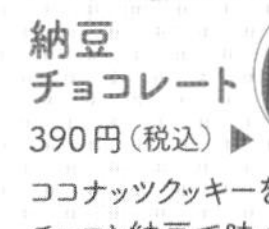

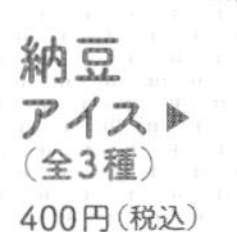

納豆
アイス▶
(全3種)
400円(税込)

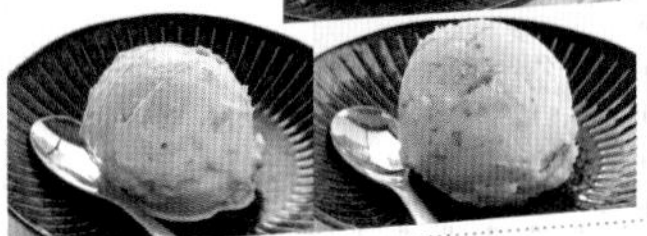

納豆アイスも
充実♪

納豆入りのアイスはバニラ・抹茶・ストロベリーの3種類

納豆
チョコレート

390円(税込)▶
ココナッツクッキーをチョコと納豆で味つけ!

お土産
なら
これ!

オーナーシェフ・赤木陽介さんは
水戸商工会議所公認 水戸の納豆アンバサダー
でもあります★

Infomation

▶博多フードパーク 納豆家 粘ランド

カリカリ納豆コロッケ、納豆チャーハン、納豆カルボナーラなど、人気メニュー多数の人気店!

福岡市中央区白金 1-21-13 クレッセント薬院2階
TEL:092-524-2710 西鉄薬院駅より徒歩1分

\HPはこちら/

Natto kurabe
納豆くらべ
26

新潟納豆

株式会社 高橋商店

コクのある濃厚な旨味とほんのりビター…深い味わいに酔いしれる！香りは少し渋めだが、食後、爽やかに抜けていく。豆は基準粒よりやや大きく、歯応えはしっかりめ。噛みしめると広がる強い旨味に複雑な味も合わさり、まさに大人向け。粘りが非常に強く、コシのある糸引きは食欲をそそる！じっくりあふれる味わいはまるでいぶし銀、一度は味わって欲しい一品！

香り	弱い	強い
食感	柔らかい	しっかり
味わい	淡麗	濃厚
粘り気	弱い	強い
粒サイズ	小さい	大きい

粒サイズ 基準納豆

新潟県

Package

メーカー希望価格 オープン価格

販売はこちら▶

添付品 なし

混ぜるほどに強くなる糸引きはまるで「滝」っ！

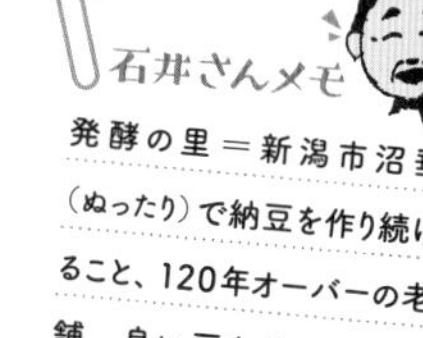

発酵の里＝新潟市沼垂（ぬったり）で納豆を作り続けること、120年オーバーの老舗。良い豆を仕入れ、手間を惜しまぬという代々受け継がれてきた納豆への想いが、そのまま味わいに。

●被りも整いまくり、イケメン豆だねっ★

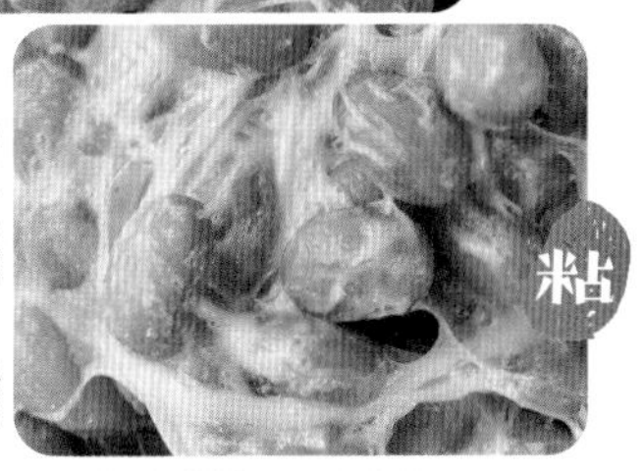

●コシの強さとネバは任せておくれ〜っ！

●ふっくら豆を楽しんでほしい一品だよ〜♪

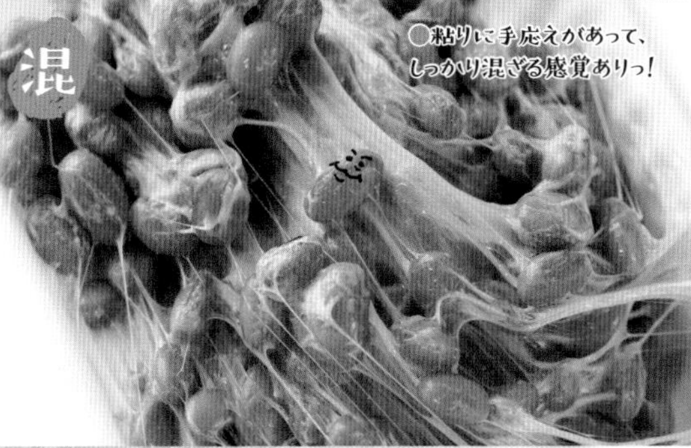

●粘りに手応えがあって、しっかり混ざる感覚ありっ！

●かき混ぜるほどに、甘く、華やかな匂い！

Natto kurabe
納豆くらべ
27

秘伝豆納豆

株式会社大豆カンパニー

まさに極大…ドデカ粒から放たれる濃厚な旨味のビックウェーブを味わい尽くせ！基準粒より非常に大きく食べ応え抜群の豆は、ほんのりと甘い香り。歯応えはねっとりしていて、驚くほどに柔らかい。豆の甘みがぎゅっと濃縮され、旨味もたっぷり。粘りは強めで、糸引きも良く、しっかりと伸びる。普通の納豆を食べ飽きたら、ぜひチャレンジして欲しい傑作の品！

項目		
香り	弱い	強い
食感	柔らかい	しっかり
味わい	淡麗	濃厚
粘り気	弱い	強い
粒サイズ	小さい	大きい

粒サイズ
基準納豆

宮城県

原寸大

Package

メーカー希望価格
210円(税込)
販売はこちら▶

添付品 たれ

糸
強い糸引きでしっかり者の、伸びっ！
石井さんメモ
大豆を愛し、生産者を慈しみ、販売者をいたわる心優しき社長。大豆卸が本業なのに「日本に在来大豆は約3000種類ほどあると言われていて、僕はそれのすべてを納豆にしてみたい」と語る。
かぶり
被
●雪が降り積もったみたいな白い被り！
混
○ネバがしっかりと絡まるダイナミックな絡まりだっ！
粘
●ネバの成分がしっかり絡まってくれてるね♪
香
○濃密な甘さのある香りもとってもいい！
粒
●大満足すぎる、ビックサイズの豆！

京納豆

藤原食品

青大豆大粒

青大豆特有のほんのり青みのある見た目にビックリしつつも、その濃厚な旨味にドハマリ確定！基準粒より非常に大きくボリュームがあり、香りは繊細なまろみを感じる微香。食感はやや柔らかくもっちりで、味わいは、旨味と甘味が非常に濃厚だが、キレが良くすっきり系。糸引きも良く、粘りは少し控えめ。大粒の旨さと繊細な味わいを楽しめるおすすめの一品！

香り	弱い	強い
食感	柔らかい	しっかり
味わい	淡麗	濃厚
粘り気	弱い	強い
粒サイズ	小さい	大きい

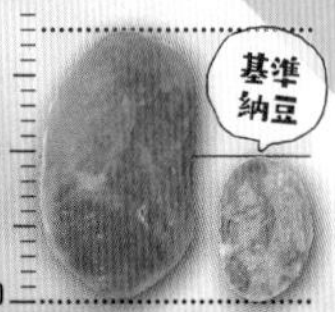

粒サイズ

基準納豆

原寸大

京都府

Package

青大豆大粒
国産大豆100%使用
京納豆
たれ・からし付

メーカー希望価格
オープン価格

販売はこちら▶

添付品 たれ からし

なかなか切れない
糸引きの粘り強さに
感動するー！

生産者から直接大豆を仕入れ、京都の町家の作業場で醸し、お客様のそばで売る。余計なことをそぎ落とし、本質的な仕事に手間をかける。シンプルだからこそ生まれてくる味わいがある。

●とろっと肌も
僕の個性だよ～。

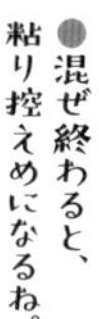

粘

●混ぜ終わると、
粘り控えめになるね。

混

●膜を張るようにネバが
生まれて、力強い手応え！

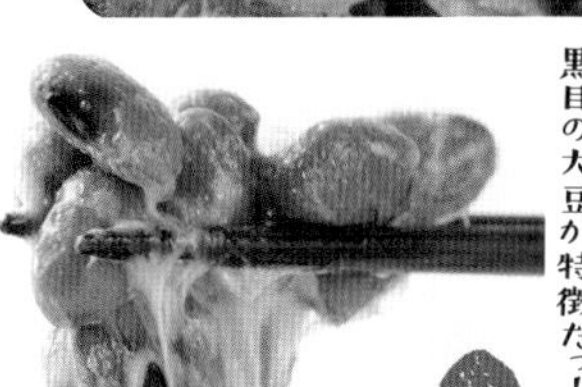

粒

●青みを帯びた豆肌と
黒目の大豆が特徴だっ！

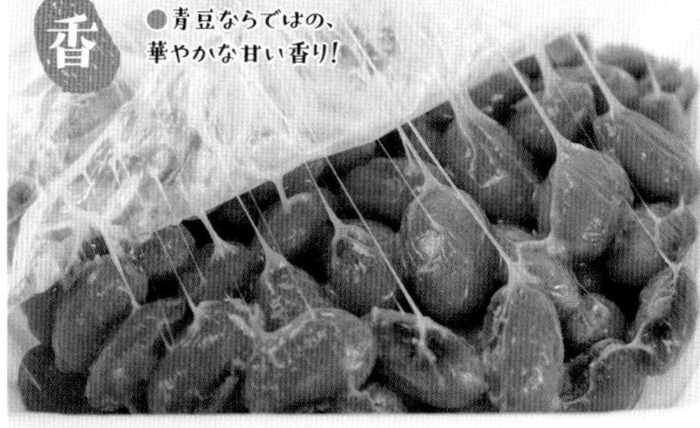

香

●青豆ならではの、
華やかな甘い香り！

Natto kurabe
納豆くらべ
29

川口納豆

有限会社 川口納豆

国産中粒三つ折

大人好みのビターな味わいが納豆好きを唸らせる！開封時は軽やかな香りながら、噛むほど強く広がっていく。食感は粒感を味わえるしっかり系。味わいは旨味が濃厚でしっかりめの苦味も感じ、総じて非常に力強さがある。基準粒よりやや大きく、ふっくら丸い粒が食欲をそそる。粘りは強く、糸引きあっさり。しっかり豆の味を感じたい、豆好きにおすすめの一品！

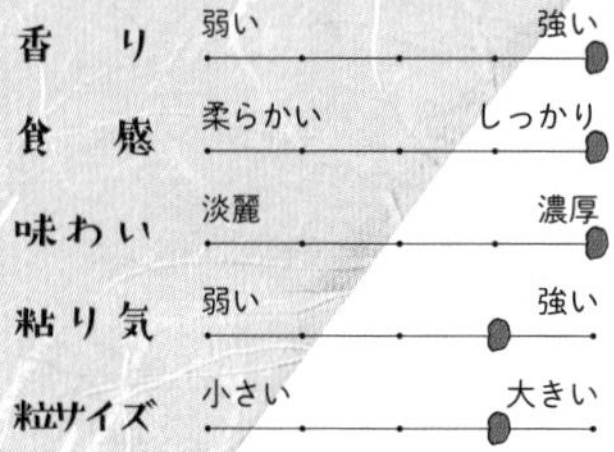

香り	弱い	強い
食感	柔らかい	しっかり
味わい	淡麗	濃厚
粘り気	弱い	強い
粒サイズ	小さい	大きい

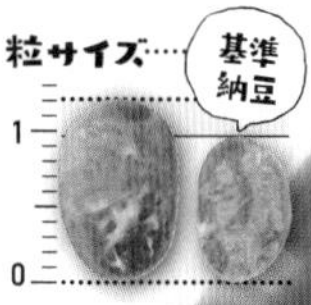

粒サイズ 基準納豆 1 0

宮城県

原寸大

Package

品質 本位 中粒 川口納豆 国産大豆 70周年 90g

メーカー希望価格
オープン価格

販売はこちら▶

添付品 なし

糸
ムラなくすーっと伸びる
美しい糸引きだよ！
石井さんメモ
納豆を作る。米を作る。日本酒を作り、ドライ納豆を作り、農産物販売のためのショップもつくるというハイブリッドな納豆屋さん。国産大豆を使い、紙製の容器で醸す納豆の味もまた好ましい。
被
均一でツヤのあるとろ豆さんだね。
粘
たくましい粘りがたのもしいよね！
粒
粒だって、とってもふっくらとした豆だよ！
混
非常によく粘りがあり、でも糸引きは柔らかい。
香
噛めば噛むほど、ふわ～っと香るよ！

Natto kurabe
納豆くらべ
30

元祖 花巻納豆

有限会社 大内商店

大豆を愛するあなたにおすすめ！香り爽やかで、甘い大豆香を強く感じる。味わいは、甘味と旨味が強めで、濃厚でありながら、嫌味がなく軽やか。柔らかめの食感で、口当たりも優しい。粘りは強く、伸びの良いコシのある糸引き。粒ぞろいの良い豆は基準粒よりやや大きく、食べ応えも抜群！非常にバランスに優れ、毎日食べても飽きない、日常系納豆と言える良品！

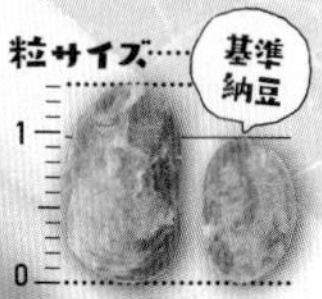

香り	弱い	強い
食感	柔らかい	しっかり
味わい	淡麗	濃厚
粘り気	弱い	強い
粒サイズ	小さい	大きい

粒サイズ 基準納豆 1 0

原寸大

岩手県

Package

メーカー希望価格 オープン価格

添付品 なし

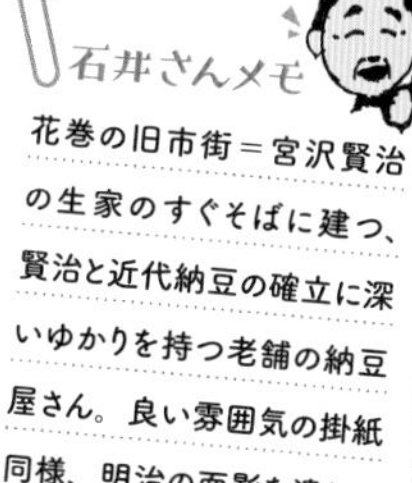

花巻の旧市街＝宮沢賢治の生家のすぐそばに建つ、賢治と近代納豆の確立に深いゆかりを持つ老舗の納豆屋さん。良い雰囲気の掛紙同様、明治の面影を遺している母屋もすてきなのです。

丈夫な糸が
しっかり引くし、
安定感ばつぐん！

●白さが際立つ、抜群の納豆菌被り！

被（かぶり）

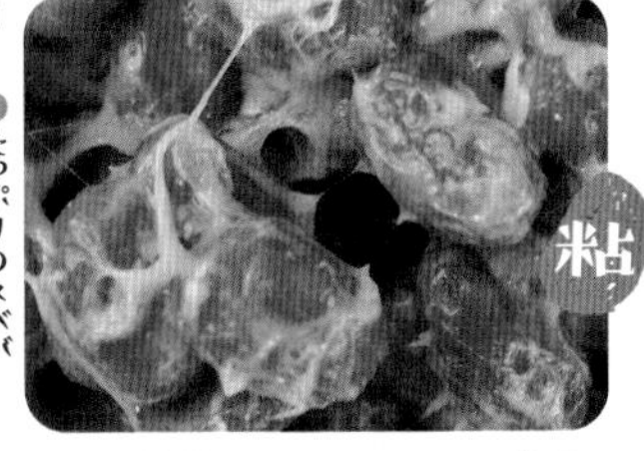

●たっぷりのネバが食欲をそそるよ～。

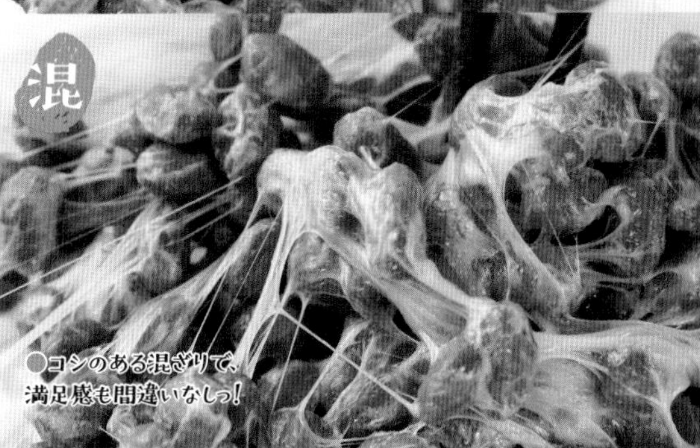

●コシのある混ざりで、満足感も間違いなしっ！

●香ばしさの中に、しっとり甘さがある！

●見て、この粒ぞろい！ 感動の嵐だぞ～っ！

粒

Natto kurabe
納豆くらべ
31

大粒納豆
豆むすめ
有限会社 新庄最上有機農業者協会
納豆工房 豆むすめ

みずみずしくまろやかな舌触りがクセになる！香り、味わい共に苦味や雑味がなく、優しい旨味が濃厚に広がる。とても軽やかなので、納豆が苦手でも食べられるかも？基準粒より大きく少し平たい豆で、食感は柔らかくトロトロ。粘りや糸引きは持ち上げても切れない強さがある。噛む必要がないほど柔らかく、味わいもあっさりで、いくらでも食べたくなる一品！

粒サイズ 基準納豆 1 0

香り	弱い	強い
食感	柔らかい	しっかり
味わい	淡麗	濃厚
粘り気	弱い	強い
粒サイズ	小さい	大きい

原寸大

Package
昔ながらの石室づくり
大粒納豆
豆むすめ
山形県新庄盆地
自社無農薬栽培
長期熟成

メーカー希望価格
194円(税込)
販売はこちら▶

山形県

添付品 なし

糸

石井さんメモ

設備の老朽化で廃業した納豆屋さんがありました。でも、ここでしか出せない味がある。製造を委託していた大豆生産者は、新たな設備を作り、製造者ご夫婦を雇い、この納豆をよみがえらせたのです。

粘りや糸までみずみずしい！
こんな食べやすい納豆あるんだね！

●きれいな被りが、豆を覆ってるね～。

被（かぶり）

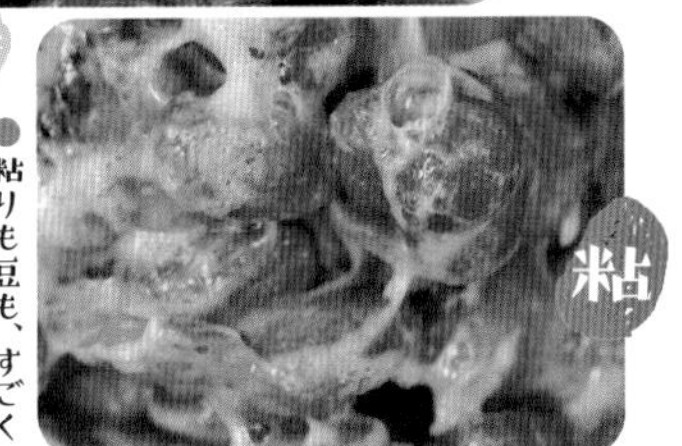

粘

●粘りも豆も、すごくみずみずしいぞ～！

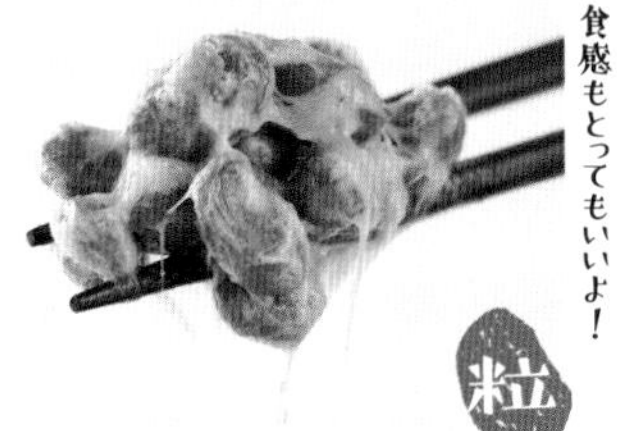

粒

●たっぷりの大粒サイズ、食感もとってもいいよ！

混

●水のように滑らか！フレッシュなネバだね。

香

●経木の移り香が、とっても爽やか～。

Natto kurabe 納豆くらべ 32

手造り納豆 株式会社しか屋

福ユタカ

苦味が全くないマイルド系で、噛めば噛むほど豆の旨味があふれ出る！ふっくらとした豆は、基準粒よりやや大きく、弾力と歯応えのある食感。粘りが非常に強く、豆がまとまって丸ごと持ち上がりそうなぐらい粘る。香りの強さは基準と似ているが、ほのかに香ばしく、柔らかい香り。親しみやすいまろやかな味と強い粘りで食べ応えがあり、毎日食べても飽きない日常系な一品！

香り	弱い	強い
食感	柔らかい	しっかり
味わい	淡麗	濃厚
粘り気	弱い	強い
粒サイズ	小さい	大きい

粒サイズ 基準納豆 1 0

原寸大

Package

メーカー希望価格
現在終売
販売はこちら▶

鹿児島県

添付品 たれ

石井さんメモ

この納豆と出会ったのは今から10年前、場所は名古屋の名鉄百貨店。滑らかな煮豆、醗酵しっかりで旨味たっぷりの味わい。しか屋さんの造りの確かさに感嘆した記憶がよみがえります。

糸引きが厚くてつやつやしてる！

●とろっと被りで、シワの少ないお肌。

かぶり
被

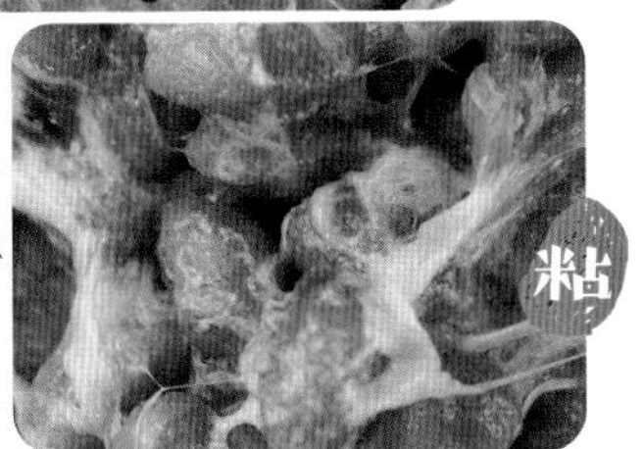

●かき混ぜていくと、たっぷりのネバがっ！

●ふっくらとしていて、食べ応えのある豆だよ！

●強力な粘りも痛快！見た目も楽しい納豆っ！

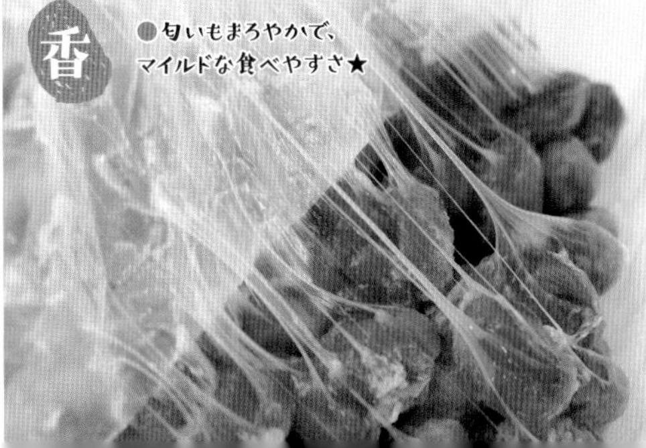

●匂いもまろやかで、マイルドな食べやすさ★

納豆くらべ 33

青森納豆

つぶ 90g

有限会社 かくた武田

「納豆が食べたい！」そんな時におすすめの一品！香りの強さは基準と似ているが、味わいはかなり濃厚。ほのかな苦味とともに大豆の旨味が口いっぱいに広がり、長く贅沢に味わえる。食感のしっかりとした豆は、基準粒よりやや大きく、とても食べ応えがある。さらに、非常に力強くコシのある粘りも相まって、食後の満足感が大変いい！納豆好きにおすすめの一品！

香り	弱い	強い
食感	柔らかい	しっかり
味わい	淡麗	濃厚
粘り気	弱い	強い
粒サイズ	小さい	大きい

粒サイズ
基準納豆

青森県

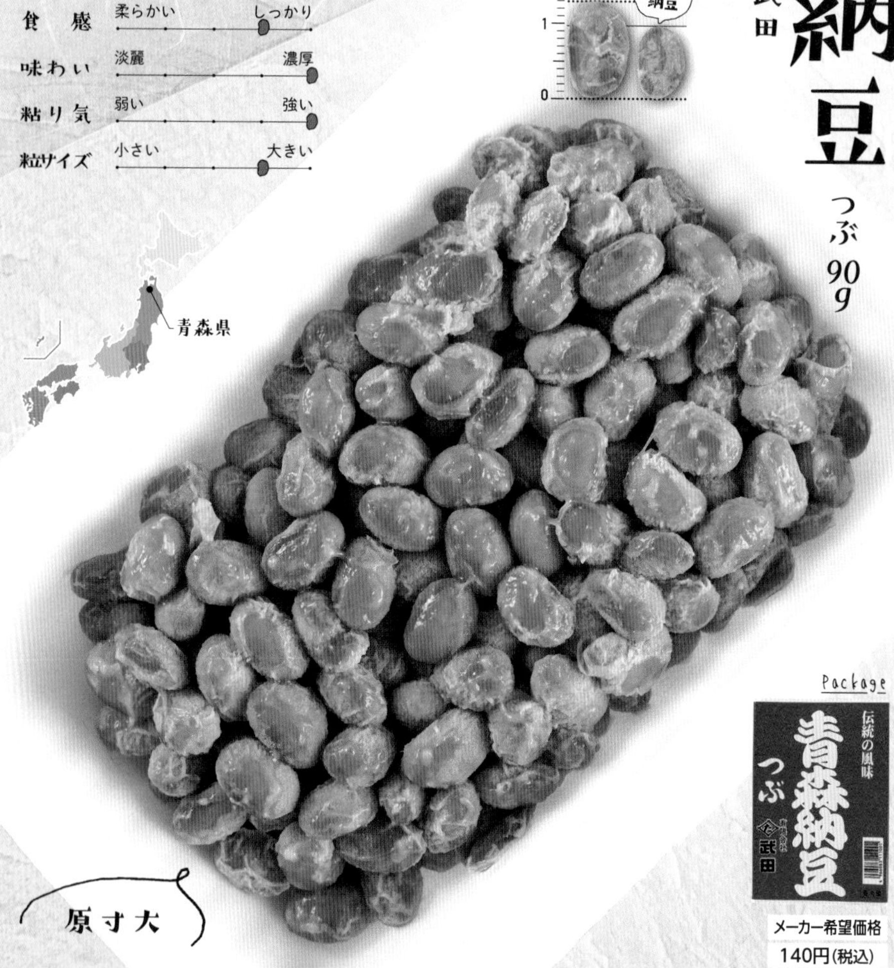

原寸大

Package

メーカー希望価格
140円（税込）

添付品 なし

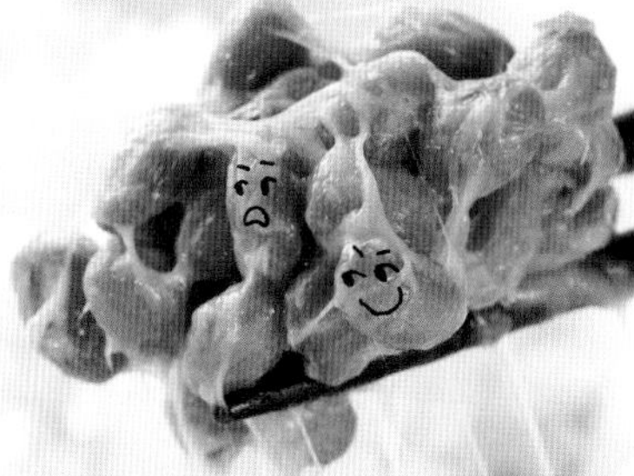

石井さんメモ

近代納豆以前から続く老舗の納豆屋。糸引きが強く箸が折れるとまで形容される作りと、昔ながらの力強い味わいが特徴。赤い掛紙が粒納豆で緑がひきわりという、伝統のアイコンも健在。

糸引きもサイコー！
豆をしっかり
絡めてくれるよ〜！

●しっかりと均等に納豆菌がいるね〜♪

被（かぶり）

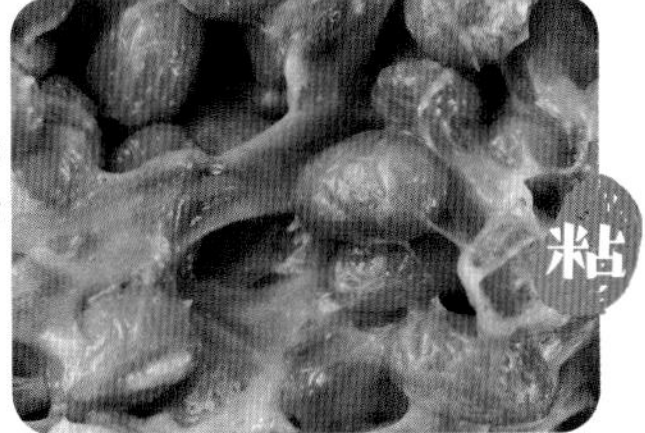

粘

●粘りがとっても強力で満足感あり！

混

●混ぜる時にコシがあって、力強さもある！

香

●食べている間に、大豆の香りがしてくる！

粒

●均一な粒ぞろいと、食べやすいサイズも魅力。

Natto kurabe
納豆くらべ
34

忍城納豆

小粒

ひしや納豆製造所

口の中に残り続ける旨味の余韻…！ 香り爽やかで、確かな甘みを感じる。味わいは濃厚な旨味が広がり、噛めば深いコクへと変化していく衝撃！ 食感はほんのりと柔らかくモッチリ系。基準粒よりやや大きくふっくらしていて、納豆全体を包んでいる粘りは柔らかめ。粒の大きさが揃っていて、その美しさに驚く。コク深くカドがない、優しい味わいに癒される一品っ！

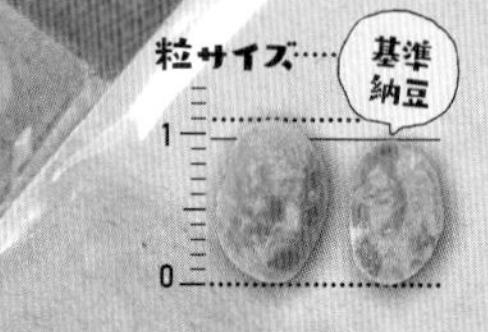

香り	弱い	強い
食感	柔らかい	しっかり
味わい	淡麗	濃厚
粘り気	弱い	強い
粒サイズ	小さい	大きい

原寸大

埼玉県

Package

メーカー希望価格
オープン価格

添付品 たれ からし

糸
丹精さが一目で分かる、丈夫な糸引き。
石井さんメモ
まもなく創業150年を迎える埼玉県で最も古い納豆屋さん。設備を変えると味が変わる、室※をいじると味が出ない。手間を惜しまず昔ながらの製法にこだわった濃厚な味わいをお楽しみください。
※室(むろ)…温度・湿度が一定になるように保たれた、納豆を発酵させる部屋のこと。
被
かぶり
白肌の下には、とろっとした被り!
粘
豆を包むかのように粘りが生まれるよ～。
粒
粒の大きさにまったくばらつきがなくて感動っ。
混
繊細に粘ってくれてとっても混ぜやすいね。
香
爽やかだけど、しっかりした甘さが!

Natto kurabe
納豆くらべ
35

無農薬大豆フクユタカ使用 海想う

100g

森ノリノ

もっちりと滑らかな口当たりがクセになる！香りは薄めでほのかな豆の甘さがあり、食感は柔らかく、噛んでいくとさらにトロける。味わいは旨味がたっぷりと濃厚で苦味がなく、あっさりとした豆の甘さを堪能できる。粘りはとても力強く、糸引きも非常に良い。基準粒より大きく、やや縦長の豆からあふれる、柔らかくまろやかな旨味をぜひ堪能して欲しい一品！

	左	右
香り	弱い	強い
食感	柔らかい	しっかり
味わい	淡麗	濃厚
粘り気	弱い	強い
粒サイズ	小さい	大きい

粒サイズ 基準納豆 1 0

熊本県

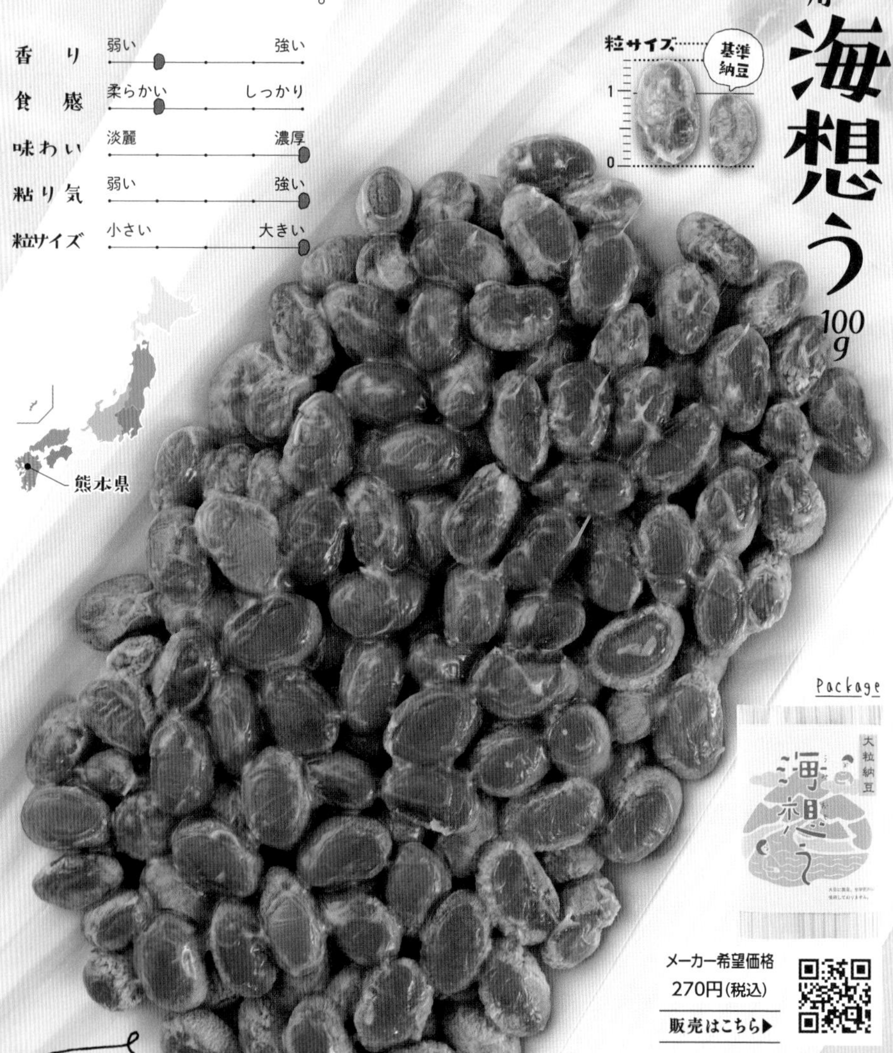

原寸大

Package

メーカー希望価格
270円（税込）
販売はこちら▶

添付品 なし

糸
すらっと伸びる
美しい糸引き！
石井さんメモ
有明の海を見下ろす菊池の大地で大豆を育て、納豆を醸す生産者。母から教わった味を子供たちに伝えたいという思いが、そのまま結実したかのような力強く豊かな味わいの納豆です。
被
滑らかで均質な被りをしてるよ～。
粘
たっぷりのネバが豆に絡んでくよっ！
粒
自然栽培の豆ならではの力強さがあるねっ！
混
混ぜている時にも、しっかり手応えがあるよ。
香
鼻に抜ける、濃厚な香りっ！

Natto kurabe
納豆くらべ 36

芝崎納豆

株式会社 天野屋

苦味なく爽やかな旨味に包まれる！ 香りの濃さは基準同等ながら、あっさりと爽やかに香ばしい。食感はしっかりで、歯応えを感じつつも舌触り滑らか。味わいはキレ良く後味すっきり、軽やかな旨味で箸が止まらない。糸引きと粘りは強めで、泡立ちも良い。基準粒より大きく、ふっくら感のある豆は食欲をそそる。あっさりした味なのに止まらなくなる極上の一品だ！

香り	弱い	強い
食感	柔らかい	しっかり
味わい	淡麗	濃厚
粘り気	弱い	強い
粒サイズ	小さい	大きい

粒サイズ

基準納豆

1

0

原寸大

Package

芝崎納豆

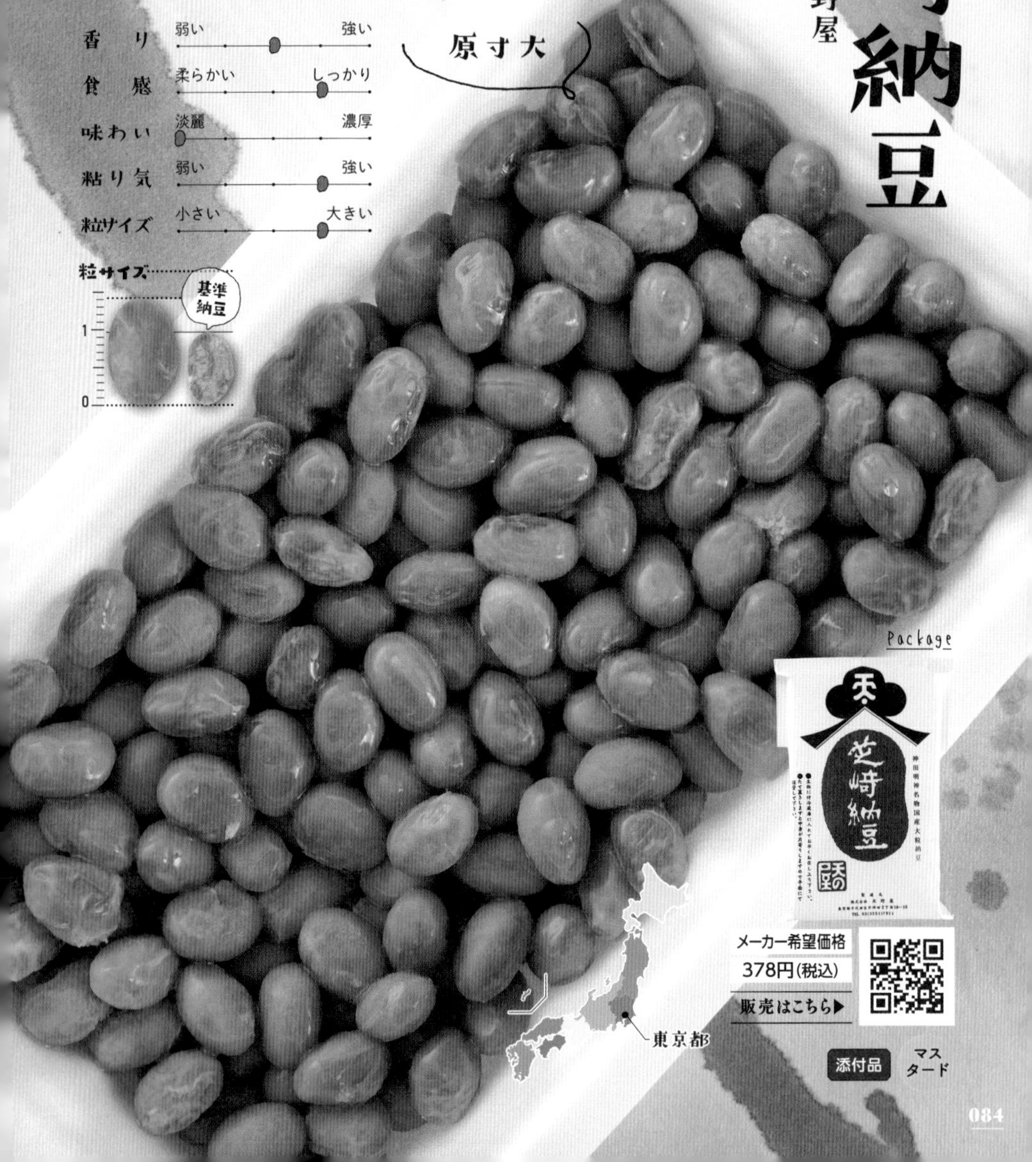

メーカー希望価格

378円(税込)

販売はこちら▶

東京都

添付品 マスタード

糸
石井さんメモ
神田明神甘酒で知られる天野屋は納豆も江戸一番の老舗。大正期の記録にも「納豆らしさの少ない淡麗な佳味のある点にて東京一（中略）天野屋の苞納豆が日本一または世界一に上等」と。
歴史の重みとあっさりうまみのコントラスト！
被
明るい豆色と、とろっとした被りだね。
混
引き強く、混ぜるほど粘りが生まれてくるねっ！
粘
たっぷりの粘りが魅力的だよ〜！
香
爽やかな香りは、万人が食べやすい納豆だね。
粒
ふっくらの大粒で粒ぞろいもいいよね〜。

Natto kurabe
納豆くらべ 37

木 －大粒－

天草納豆
(One billion plus株式会社)

濃密な旨味と程よいビターさがクセになる！大豆香は強いが、とても上品でフレッシュ。鼻から抜ける香りも良く、食感は柔らかめ。濃い旨味と渋さが広がる味わいだが、口当たりはみずみずしく青豆らしい甘さのある後味なので、どんどん食べたくなる。ふっくらした豆は、基準粒よりも大きく、粘りはさらさら系。濃厚な味わいで、そのままオカズでもいけちゃう一品！

香り	弱い	強い
食感	柔らかい	しっかり
味わい	淡麗	濃厚
粘り気	弱い	強い
粒サイズ	小さい	大きい

粒サイズ
基準納豆
1
0

原寸大

Package
木

メーカー希望価格
460円(税込)
販売はこちら▶

添付品 たれ からし

東京都

糸

細めの糸が
すっと伸びる…
洗練された印象だね！

石井さんメモ

令和元年に誕生した日本で一番新しい納豆屋さん。創業者はもともと料理人をされていたこともあり、確かな舌で見分けた良き豆を醸し火・水・木・金・土の五行の名前で販売している。

被

●きれいな白肌をふんわり被ってるよ！

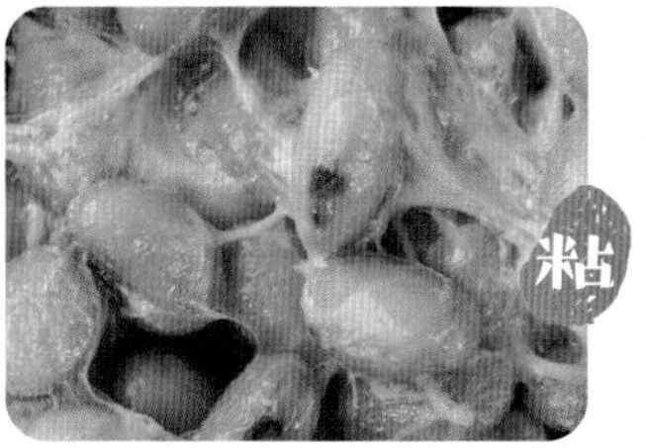

粘

●粘りは少なめで、豆の味を楽しめるね。

混

●混ぜる際に力がいらず、さらさらと混ざってくれる！

粒

●豆の姿がとってもビューティフルだよっ！

香

●経木に包まれてるから、木の香りが豊かに広がる！

Natto kurabe
納豆くらべ
38

たかしま生きもの田んぼ納豆 みずくぐり

有限会社 グリーン藤栄

大粒なのに味はさっぱりマイルド！香りは軽やかで、えぐみなくほのかな甘さが広がる。粒は基準粒より非常に大きく、食感もほっくりで心地いい歯応えを楽しめる。雑味のない爽やかな味わいながら、しっかり旨味が広がり、甘みある豆味は口の中に長く残る。粘りは柔らかいが豆とよく絡み、すっきりした味わいの後に来る旨味の余韻にやみつきになっちゃう一品！

香り	弱い	強い
食感	柔らかい	しっかり
味わい	淡麗	濃厚
粘り気	弱い	強い
粒サイズ	小さい	大きい

粒サイズ

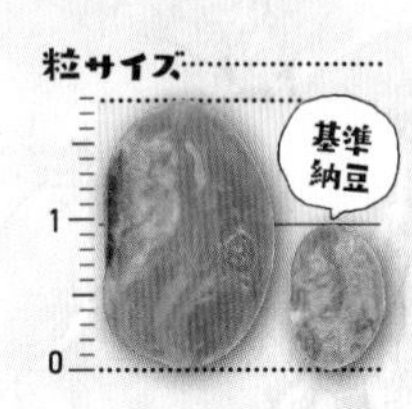

原寸大

Package

滋賀県高島市産大粒納豆
みずくぐり

販売者希望価格
330円(税込)
販売はこちら▶

添付品

たれ

からし

香りと甘みがひとあじ違う！糸引きもいいっ！

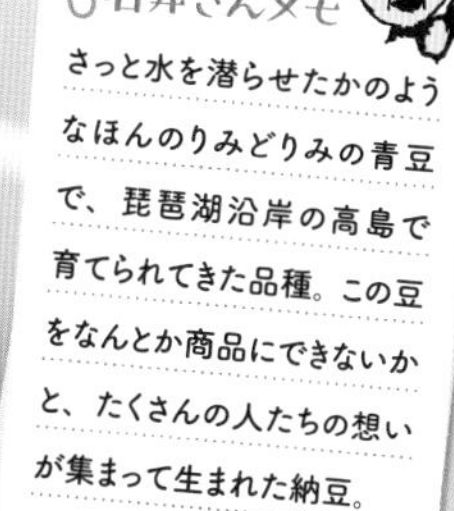

さっと水を潜らせたかのようなほんのりみどりみの青豆で、琵琶湖沿岸の高島で育てられてきた品種。この豆をなんとか商品にできないかと、たくさんの人たちの想いが集まって生まれた納豆。

●とろとろで、たっぷりの被りだよ！

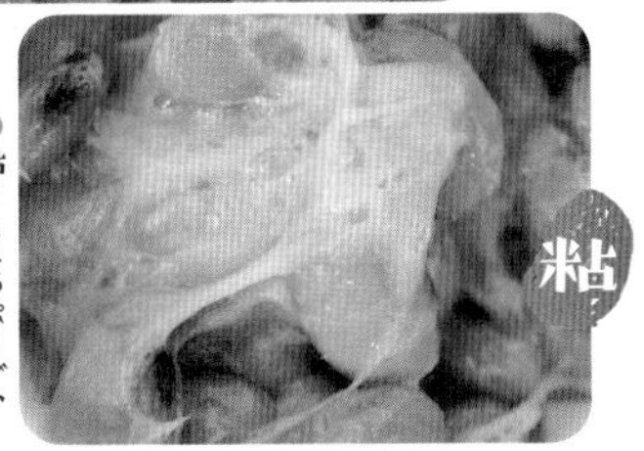

●粘りもたっぷりで、ネバを楽しめるね！

●ほんのりとみどりみ、ごろりとした極大粒。

粒

●とても混ぜやすいのに、よく粘ってくれるんだよ～！

●あっさりだけど、青豆の芳ばしさは隠せないね～！

中粒
輝納豆（かがやき）
山下食品株式会社（山下納豆）

あっさり控えめな味わいながら後引く旨味…！香りはほんのり甘く、さっぱりした味わいだが、噛むほどに広がっていく豊かな旨味とわずかな苦味で、箸が止まらない！食感は基準と近いが、歯応えしっとり。粘りは柔らかく、糸引きが良い。基準粒より大きく、ふっくらとボリューム感あり！主張の強くない、引き算された静かな豆味が口の中に広がるたまらない一品っ！

粒サイズ
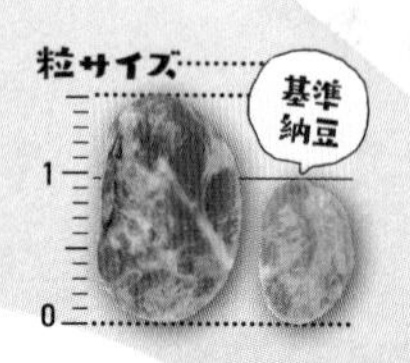

香り	弱い	強い
食感	柔らかい	しっかり
味わい	淡麗	濃厚
粘り気	弱い	強い
粒サイズ	小さい	大きい

原寸大

Package

メーカー希望価格
370円(税込)
販売はこちら▶

添付品

石井さんメモ

深い緑色の紙箱入りが印象的なシリーズ商品で、小粒、大粒などのラインナップの中で私が気になるのは中粒のハヤヒカリ大豆を使ったこの「輝」。なんといってもこく味ある味わいが特徴です。

楽譜のように見事に均一な糸引き！

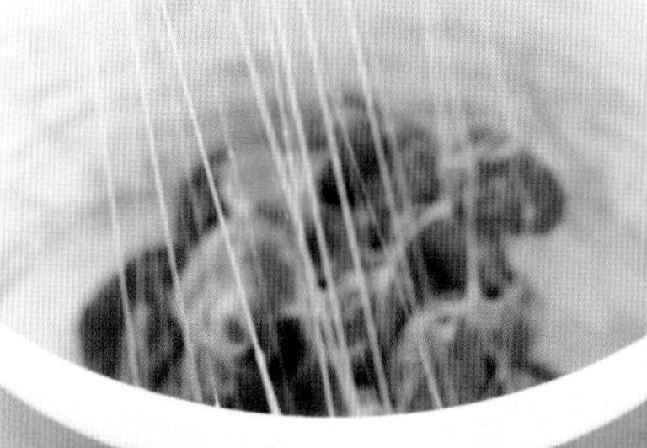

●被りの霜降りが芸術品レベルだ〜！

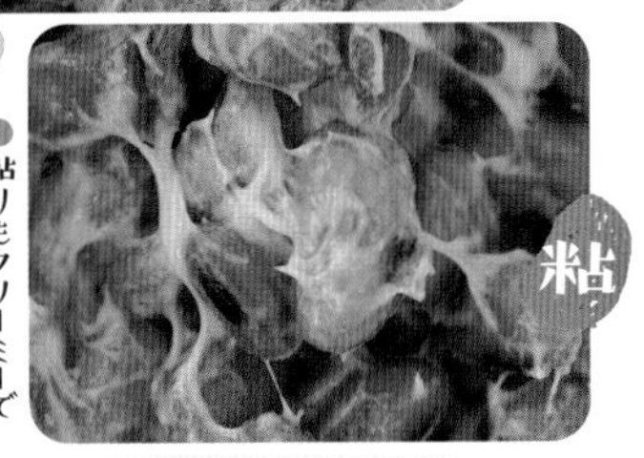

かぶり
被

●粘りもクリーミーでおいしそうだよね！

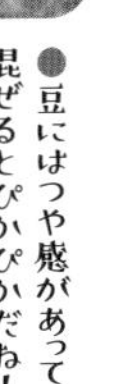

●豆にはつや感があって、混ぜるとぴかぴかだね！

●さらさらと粘りの膜が生まれて、いいネバだっ！

●奥の方に、甘い香りがしっかり隠れているぞ〜!!

丹波黒

丹波黒豆納豆

有限会社 ふく屋（納豆専門店 二代目福治郎）

黒豆を存分に味わい尽くせ！極大粒で食感もさらに柔らかく感じ、歯応え滑らか。納豆香の奥に、黒豆の香りがふわり。味わいは黒豆の上品な甘味が広がり、あっさりと品の良い口どけで最後までさっぱりしていて、とにかく心地よい。基準粒より非常に大きい黒豆は皮がしっかりと残り、糸引きや粘りは控えめ。ゴハンにかけずに、ぜひそのまで食べて欲しい一品っ！

香り	弱い	強い
食感	柔らかい	しっかり
味わい	淡麗	濃厚
粘り気	弱い	強い
粒サイズ	小さい	大きい

粒サイズ

基準納豆

原寸大

Package

秋田県

メーカー希望価格 2,160円（税込）

販売はこちら▶

添付品 なし

糸
まるで芸術品！
針のように
美しい糸引きで
高級感たっぷり！
石井さんメモ
「この値段の納豆を買ってくれる人ってほんとにいますか？」この納豆が初めて販売されたあの日、私はそう社長さんに聞かれました。試食した瞬間、目を合わせ笑いあった、痺れるひとときでした。
被
マットな質感で、漆のような黒さだね。
粘
箸を止めるとなじんでいく、奥ゆかしい粘り。
粒
平たい豆だから、大粒だけど食べやすいよね。
混
混ぜるとほんのりと変わる粘りの色も上品。
香
納豆の香りの奥に、ふわりと黒豆の香り。

Natto kurabe 納豆くらべ 41

秘伝

国産緑豆納豆

有限会社 ふく屋(納豆専門店 二代目福治郎)

トロトロ、フワフワの粘り気がたまらないっ！ 基準粒より非常に大きくふっくらツヤのある豆は、しっかりとした歯応えとさっぱりとした甘さがあり、繊細な旨味が詰まっている。香りもとても繊細で、ほのかにきな粉のような甘い香りが食欲をそそる！ 納豆らしい匂いが薄いので、納豆が苦手な人や、しっかりと粒を感じる食感が好きな人にもおすすめできる一品！

香り	弱い	強い
食感	柔らかい	しっかり
味わい	淡麗	濃厚
粘り気	弱い	強い
粒サイズ	小さい	大きい

粒サイズ 基準納豆 1 0

原寸大

秋田県

Package

メーカー希望価格 411円(税込)

販売はこちら▶

添付品 なし

糸
粘りが強く、
糸引きが
しっかり太い！
石井さんメモ
香り良く、甘みの強い青豆は
実は納豆に好適の大豆。な
かでも東北地方で絶大な人
気を誇る「秘伝豆」を醸した
この納豆は香り高く濃厚な味
わいで、一度食べるとやみつ
きになること間違いありません。
被
●とろっとした、
たっぷりの被りだね。
混
●泡立ちの良い粘り方で、
ツヤのある見た目だね～。
粘
●しっかり粘るネバが
混ぜ終わっても残る！
香
●経木の木の香りと、
甘い香りがしっとり。
粒
●ほんのり青みがかってて
豆感を味わえる大粒だ～。

Natto kurabe
納豆くらべ
42

文志郎の鹿角納豆

道南平塚食品株式会社（豆の文志郎）

濃厚クリームのようなしっとりとした味わい！香りは封を開けた際に甘さが目立つが、つんとしたしつこさがなく、上品。基準粒より大きく丸みがあり、食感はやや柔らかく、しっとり・もっちり系。味わいは苦味や雑味を全く感じず、クリーミーな甘さと旨味が広がり、タレなしでも十分美味。非常にまろやかで甘みを感じる、納豆なのに、まるでスイーツのような一品。

粒サイズ
基準納豆
1
0

香り	弱い	強い
食感	柔らかい	しっかり
味わい	淡麗	濃厚
粘り気	弱い	強い
粒サイズ	小さい	大きい

原寸大

北海道

Package

鹿角納豆
豆の文志郎

メーカー希望価格
594円(税込)
販売はこちら▶

添付品 たれ

糸
糸引きの力強さの奥にある、甘みの深さ、濃厚さ。
石井さんメモ
大豆は地元・北海道産、納豆菌も北海道産の稲わらから、水ももちろん地元のものを。さらに音楽を聞かせて醸すなど、究極の発酵を実現するために考えられることすべてを取り入れたという。
被（かぶり）
●被りの均一さが、こだわりを感じるね。
混
●しっかりとネバが生まれてくれるよっ！
粘
●力強い粘りの膜ができて、てかてかだ！
香
●しつこくない上品な香りを嗅いでみてっ！
粒
●ふっくらとした柔らかな煮豆だっ。

Natto kurabe 納豆くらべ 43

カラフル納豆

株式会社 小杉食品（都納豆）

名前どおりカラフルな豆粒踊る変わり種！黄大豆、黒大豆、青大豆、赤大豆、うずら豆、大福豆、青えんどう豆の7種類の豆は、それぞれに食感、食味、香りが違うため、複雑で面白いハーモニーを生み出す。香りはほのかに甘く、食感は硬め柔らかめが混じる。味わいは豆味濃厚で、粘り控えめ。この納豆でしか味わえない食感なので、納豆好きにぜひ食べて欲しい一品！

粒サイズ

	大福豆	うずら豆	赤大豆	黒大豆	青大豆	青えんどう豆	黄大豆	基準納豆

原寸大

香り	弱い	強い
食感	柔らかい	しっかり
味わい	淡麗	濃厚
粘り気	弱い	強い
粒サイズ	小さい	大きい

三重県

Package

カラフルナットウ 七つの豆のハーモニー

メーカー希望価格

16パック入り
1,650円（税込）

販売はこちら▶

極細の糸引きとカラフルな煮豆で味も見た目もポップ★

石井さんメモ

3.11後の福島を支援したい。納豆嫌いの自分が食べられる納豆が欲しい。その二つの思いが一つになって生まれた。大阪の710TVがプロデュースし、三重の小杉食品が作った超絶的納豆。

被

●色々なサイズの豆で、少しツヤツヤしてるよ。

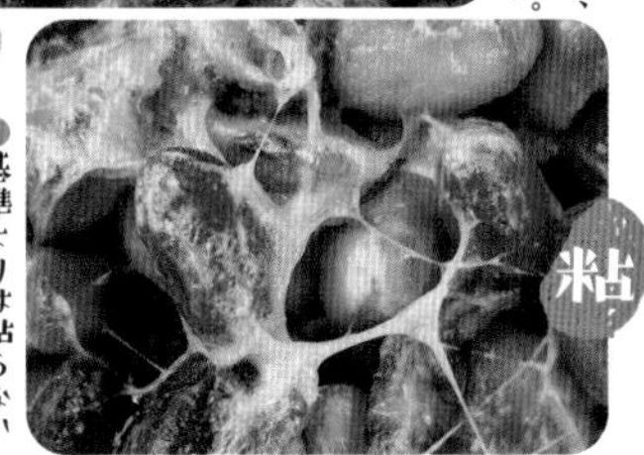

粘

●基準よりは粘らないものの、しっかりの粘り。

粒

●それぞれの豆にもこだわりを感じるね！

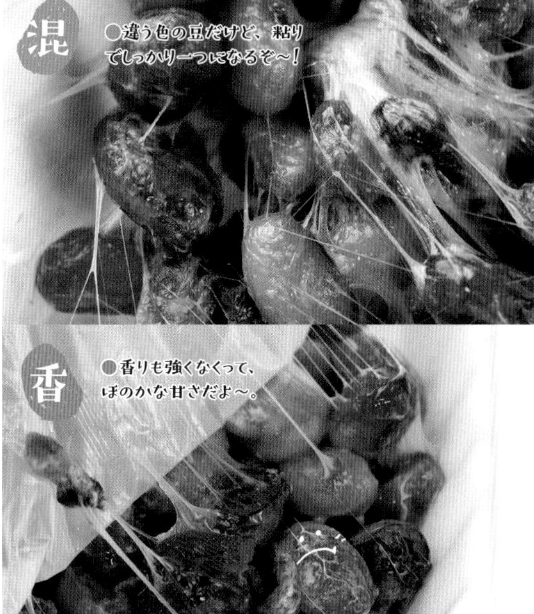

混

●違う色の豆だけど、粘りでしっかり一つになるぞ〜！

香

●香りも強くなくって、ほのかな甘さだよ〜。

醗酵えだまめ 碧（みどり）

はとむぎ納豆本舗

枝豆がそのまま納豆になりました！ 豆自体にしっかり味があり、枝豆のクリーミーで濃密な甘味がとにかく美味！ ゆでたての枝豆のような青い香りが勝ち、納豆臭はしない。食感はさっくり系で、豆のぷりっとした歯応えが楽しい。粘りは控えめでサラサラ。普通の枝豆サイズで、基準粒より非常に大きい。苦味がなく枝豆の匂いが香ばしいので、納豆嫌いにもおすすめの一品！

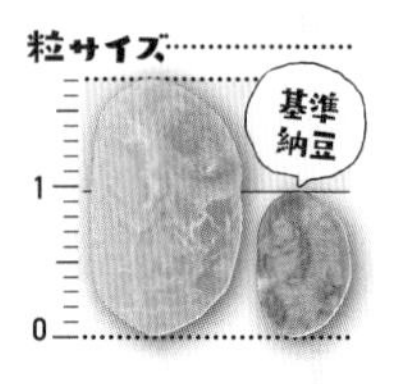

香り	弱い〜強い（中間よりやや強い）
食感	柔らかい〜しっかり（中間よりやや しっかり）
味わい	淡麗〜濃厚（濃厚）
粘り気	弱い〜強い（弱い）
粒サイズ	小さい〜大きい（大きい）

北海道

原寸大

Package

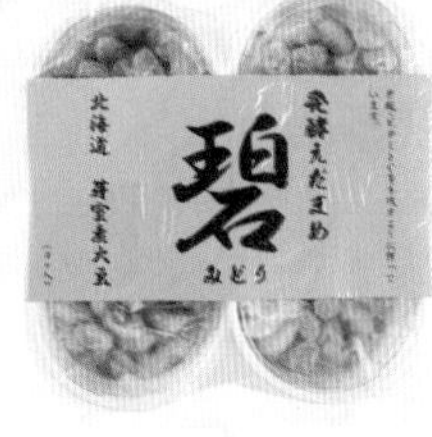

メーカー希望価格
648円（税込）

販売はこちら▶

そのまま食べても おいしい枝豆感っ！

石井さんメモ

この鮮やかな碧色の発色を可能にした世界で最初の製造者。日本で一番小さな納豆屋と言いながら、小豆で納豆を作ったり、圧力鍋は使わないなど、そのユニークさは他の追随を許さない。

●枝豆だけど、ちゃんと被りがあるね。

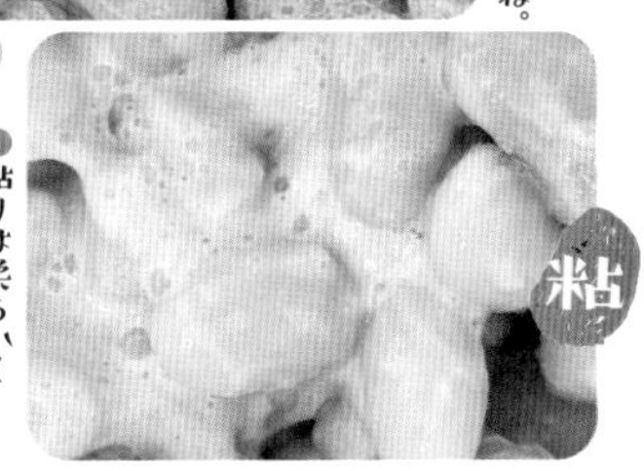

●粘りは柔らかく落ち着いてくるね。

●混ぜ始めるとちゃんと納豆の粘りが出てくる！

●とれたての枝豆をゆでたままのような色！

粒

●枝豆の香ばしい香りがたまらない！

Natto kurabe

納豆くらべ 45

あけぼの大豆納豆

株式会社せんだい（納豆工房せんだい屋）

歯応えのある極大粒であっさりとした味わい！香りの強さは基準と近いが、甘みのある爽やかな香り。しっかりと歯応えがあり豆の食感が楽しい。味わいは非常にあっさりで雑味がなく、ほんのり甘さがあるので食べ飽きない。ふっくらとボリューミーな豆で、基準粒より非常に大きく、粘りは強め。食べやすい味わいとゴロゴロ楽しい極大粒で、いくらでも食べられる一品っ！

香り	弱い	強い
食感	柔らかい	しっかり
味わい	淡麗	濃厚
粘り気	弱い	強い
粒サイズ	小さい	大きい

山梨県

粒サイズ

基準納豆

原寸大

Package

メーカー希望価格
324円（税込）
販売はこちら▶

添付品 たれ からし

びっくりする
ほどの大粒で、
しっかり糸引き★

石井さんメモ

納豆自販機で有名なせんだい屋ですが、豆へのこだわりも大変なもの。この豆は山梨県身延（みのぶ）の在来大豆で日本最大級の大きさを誇る。生産者が少ない豆なのに、よくまあ見つけました。

●とろ肌のお豆は大粒なのに優しいよ。

かぶり
被

●粘りしっかりがとっても頼もしい！

●日本最大とも言われる大粒の豆で作られてる！

●糸引き強くて、ネバがどんどん増えてくよ～っ！

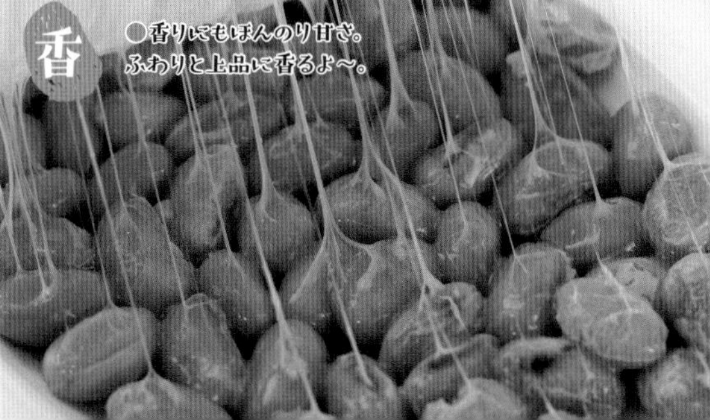

●香りにもほんのり甘さ。ふわりと上品に香るよ～。

Natto kurabe

納豆くらべ

46

国産有機
黒大豆と白大豆のまぜまぜ納豆

株式会社ユーアンドミー（京・丹波納豆）

二種類の大豆が奏でる味の絶妙バランス！香りは薄めで、ほのかに甘い匂いがする。食感はしっかり系で二種で違い、黒大豆がもっちり、白大豆はしっとり。味わいは非常にさっぱりしていて、ほんのり優しい甘みがある。黒大豆は基準粒より非常に大きく、白大豆はやや大きめ。混ぜるとすぐツヤのある粘りが生まれる。あっさりしているのでオカズにも重宝する一品です！

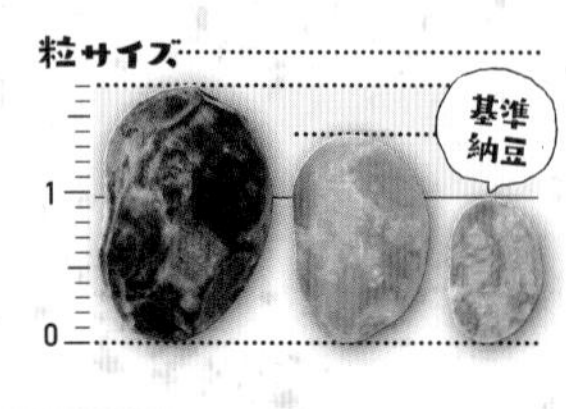

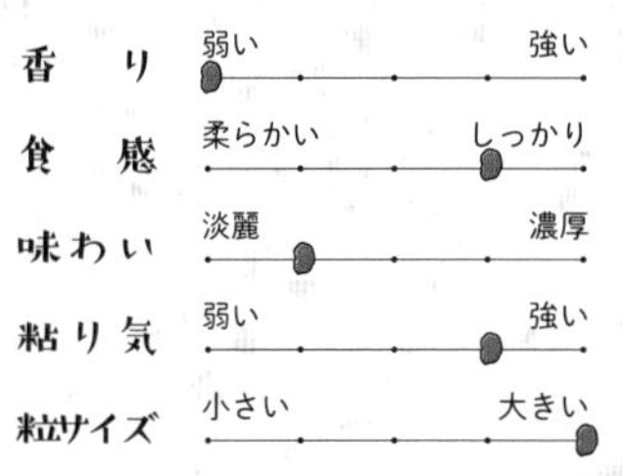

原寸大

京都府

Package

メーカー希望価格
313円（税込）

販売はこちら▶

添付品　たれ　からし

糸
ミックス豆は
こんなにおいしいっ！
糸引きもしっかり★
石井さんメモ
有機大豆にこだわり、手盛りにこだわり、黒豆＋白豆ミックスの納豆を発明した独創の作り手。ケーキ職人から転身し、「納豆作りは天職です」と語る創業者さんの姿が忘れられません。
透明な被りが、たっぷり乗ってるよ！
被
たっぷりネバが、豆に絡んでくる♥
粘
黒豆・白豆ミックスでおいしさもダブルだっ！
粒
混
ツヤのある粘りは、とってもたっぷり生まれる！
香
カドのない優しい香りは、ほんのり甘めにできてるね。

Natto kurabe 納豆くらべ 47

もなか納豆

山口食品株式会社（山口納豆）

納豆ともなか…まさかのコラボレーションッ！同梱されているもなかの皮の上に納豆をセット。トロみのある甘酸っぱいタレをかけ、もなかの皮で挟めば新体験！皮の間で柔らかく潰れる納豆は、まるで和菓子の餡のよう…？香り控えめで、味わいは雑味なく、コクのある深い甘味。基準粒と同等の大きさで、粘りは柔らかい。おいしいもなかになった納豆をぜひお試しあれ！

粒サイズ 基準納豆

原寸大

Package

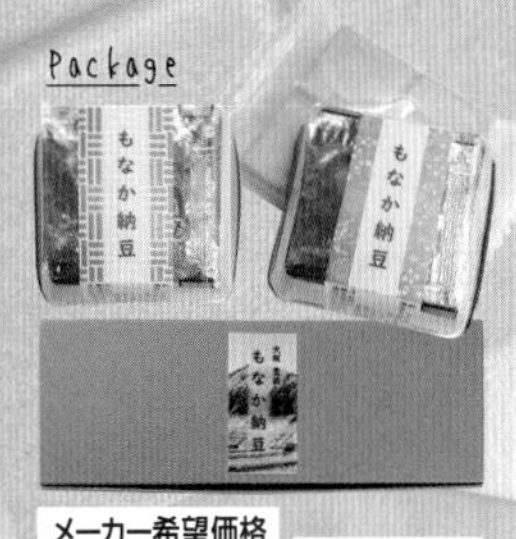

香り	弱い	強い
食感	柔らかい	しっかり
味わい	淡麗	濃厚
粘り気	弱い	強い
粒サイズ	小さい	大きい

大阪府

メーカー希望価格
2個入り
400円（税込）

販売はこちら▶

添付品 

薄くてパリパリの もなかの皮が相性抜群！

石井さんメモ

ぱりっとしたもなかの皮に、しっとりの納豆としそのりたれをトッピング。爽やかな酸味と豆の甘みが程よく、軽くてさっぱり口どけの良いデザートとして楽しめます。直営店に行けば他にも楽しい商品が。

●しっかりの被りはやっぱり納豆だ～。

●混ぜずに、蜜のようなしそのりたれをかけるよ。

●タレとの相性も抜群、騒動のおいしさだよ！

●ふっくらと丸っこい大豆は食感もいいね～。

●香りが強くないから、すごく食べやすいよね。

Natto kurabe
納豆くらべ
48

小金庵 竹姫納豆

納豆BAR小金庵（小金屋食品株式会社）

竹の中から現れたのは、ぷっくらおいしい納豆でした！本物の竹筒に入っているユニーク納豆の魅力は、本誌中NO．1のしっかり歯応え！基準粒より大きい豆の非常にさっくり引き締まった食感は、一度食べたらクセになる！粘り強めで納豆の香りはあまりなく、竹の香りで爽やか。味わいは少し濃く、噛むほどに旨味が広がり美味！かぐや姫のように美しく輝く極上の一品！

粒サイズ
基準納豆

香り	弱い	強い
食感	柔らかい	しっかり
味わい	淡麗	濃厚
粘り気	弱い	強い
粒サイズ	小さい	大きい

原寸大

Package

メーカー希望価格
540円（税込）
販売はこちら▶

大阪府

添付品 なし

繊細な糸引きも
上品で高級感があるね！

石井さんメモ

生駒（いこま）の山でNPOの方が間伐作業を行うところから、この納豆造りは始まります。間伐材だから形は不ぞろいで、しかも自然の納豆菌だけで醸しているという徹底したこだわりぶりです。

被（かぶり）

●ぼろぼろの被り、だけどしっかりだよ！

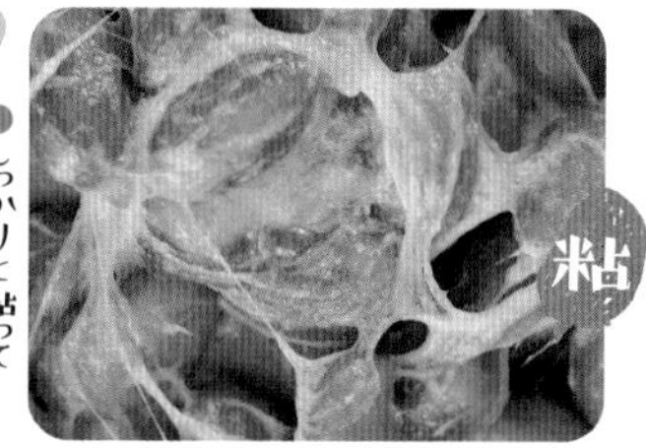

粘

●しっかりと粘ってくれるんですよっ！

粒

●やや赤みがある、柔らかい色をしてるね。

混

●混ぜる時には少しだけ力のいるしっかりネバさん。

香

●竹の香りがなんとも爽やかで清々しいね！

Natto kurabe 納豆くらべ 49

相沢の枝豆納豆

有限会社 相沢食産

断言しよう、これは納豆じゃない。枝豆だっ！粘りと糸引きがあるので確実に納豆なのだが、完全に枝豆。香りはゆでたての枝豆で、納豆の香りは全く感じない。食感は柔らかめだが、中心部分に豆感のある硬さを残していて、非常に食べ応えがあり枝豆。当然味も、粒の大きさも枝豆！枝豆でビールを一杯、というあなた。今日の枝豆は、こちらにしてはいかがですか？

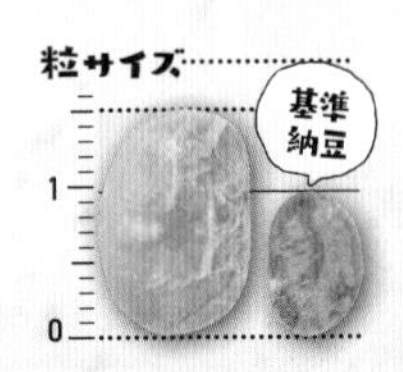

香り	弱い	強い
食感	柔らかい	しっかり
味わい	淡麗	濃厚
粘り気	弱い	強い
粒サイズ	小さい	大きい

原寸大

Package

メーカー希望価格
194円（税込）
販売はこちら▶

兵庫県

添付品 なし

ワインとかお酒のアテにも、サイコ〜っ！

石井さんメモ

美しい翠色の発色、芳ばしい枝豆香、カリッとした食感。誰もがチャレンジしてきた枝豆テイストの納豆を完璧に実現した逸品。製法の秘密は収穫したての枝豆を冷凍することなのだとか。

●枝豆だけど、被りもきちんと。

かぶり
被

●混ぜ終わると粘りは落ち着いてくれるね。

粘

●混ぜるとちゃんと粘るから、やっぱり納豆なんだな〜。

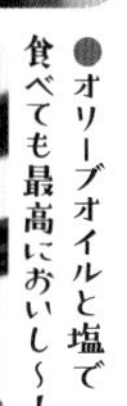

●オリーブオイルと塩で食べても最高においし〜！

●枝豆の香りだから、苦手な人も食べやすいね。

納豆研究家・石井泰二さんに質問！
納豆をおいしく食べるQ&A

せっかく食べるなら、納豆のことをよく知り、一番おいしく食べたい！
そこで、３５００種類以上の納豆を食べた石井さんに教えてもらいました♪

入門編
for beginners

Q.1 納豆の食べごろは、いつがベストってあるの？

納豆によって全然違います。「買ってすぐがいいですよ」と言うメーカーさんもいますし、冷蔵庫の中で熟成しておいしくなる、という考え方のメーカーさんもいます。個人の好みによっても変わるので、ぜひ好きな発酵具合を探ってみてください。

Q.2 冷蔵庫から出したあと、おいしく食べれるタイミングは？

どの納豆も共通ですが、冷たいままだと味も香りも弱いので、冷蔵庫から出して数分室温に戻すと、香りも味も開いてきます。小鉢に開けてしっかりかき混ぜるのも、おいしく食べるポイントです。

Q.3 タレを入れるタイミングって？

タレを先に入れると糸引きしなくなっちゃうので、後の方が理想的でしょうね。先でも後でも、栄養は変わりません。

Q.4 古くなった納豆。おいしく食べる方法って？

古くならないように、食べちゃいましょう！ 程よい熟成で食べるのが本当は一番ですね。

Q.5 納豆を長持ちさせる保存方法は？

家庭での保存は、チルド室での保存がおすすめ。冷蔵温度では、納豆菌が活動して、発酵が進みすぎてしまうんです。出荷時に納豆菌の活動を程よいところで止めて冷熟しているので、その状態をなるべく保持できるとおいしく食べられますね。

Q.6 毎日続けられる、いちばんおいしい混ぜ回数って？

かき混ぜるほどに粘りが増えるので、粒を楽しみたい方は少し混ぜる程度、粘りを楽しみたい方はしっかり混ぜるなど、10回以上で程よく混ぜるなど、お好みの回数を探ってみてください。

Q.7 納豆って、冷凍できるの？

肉や魚よりは味の影響は少ないようですが、冷凍するなら、早めに解凍して食べるのが吉です。栄養が減ることはありませんが、食感・食味が劣化してしまうので、個人的にはおすすめしていません。

Q.8 納豆に合わせるとおいしい、意外なものって？

いちご、パイナップル、キウイなど、甘くて酸っぱい食べ物は相性が抜群です！　最初は抵抗があるかもしれませんが、納豆は淡白な味なので素材の邪魔をせず、クリームと合わせるのも、旨味が増してすごくおいしいんです。チーズなんかも相性抜群でとってもおいしいので、ぜひ試してみてください！

Q.9 大豆は、やっぱり国産のものがおいしいの？

国産は生産量が少なく、よりおいしいものを作るために農家さんが頑張っています。輸入大豆が悪いというわけではなく、たとえば近年入手困難な中国大豆を使い続ける、こだわりの納豆屋さんもいたりします。

Q.10 お気に入りの食べ方を知りたいです！

何もかけずに、10〜20回ほど混ぜて食べることが多いです。素のままでごはんに乗せて食べてみたり、塩をかけてみたり、わさびだけをつけたり。地域の調味料をかけてみたり、日々、いろいろな食べ方を楽しんでいます。

Q.11 経木（きょうぎ）って何？

薄い木の板で出来た、伝統的なパッケージ方法です。殺菌作用があり香りも良く、豆が呼吸をしやすいので結露しない、木造家屋のような存在です。

Q.12 発砲スチレン、紙パック、経木入り。どんな違いが？

スチレンは衛生管理がしやすく大量生産に向いています。紙パックは衛生的で防水力も高く、経木の代用として生まれたのではないかと思います。紙パックに入った納豆も、おいしいものが多いですよね。

Q.13 食べ比べってどんな風にすると楽しいですか？

同じ大豆を使っていても、「すっきり仕上げたい」「味わい深く濃厚にしたい」など、作り手の考え方によってまったく違う味になっていたりします。大豆の品種・地域・作り手の考え方など、それぞれの納豆の個性が見えてくるので、楽しみながら色々な納豆を食べてみるのが一番です。

Q.14 地域によって、納豆の特色ってありますか？

ちゃんと分類されてはいないと思いますが、北海道・北東北・南東北だけを見ても、だいぶキャラが違いますね。東京は爽やかな味わいが多くて、関西は優しい味わい、九州には関東好みの味が多い印象です。

Q.15 日本の納豆に近いものってありますか？

アジア各地にありますが、韓国の「チョングッチャン」はかなり納豆に似ています。インド北部ヒマラヤの山麓のエリアでも食べられているのは、あまり知られていないでしょう。

Q.16 老舗の納豆屋と、新しい納豆屋。それぞれの魅力を教えてください！

お店それぞれだとは思いますが、古くからある納豆屋さんは近代化される前の作り方を知っていたり、作り手の知恵があるので、そういった知識から新しいものが生まれていくと思います。若い納豆屋さんは売り方などで新しいチャレンジをされています。

さらに詳しく聞いてみましたっ！

上級編
for advanced

Q.17 納豆は、いつどこで発祥したもの？

秋田、茨城、京都、滋賀、豊臣秀吉、加藤清正説…などなど。起源については色々な説があり、はっきりとは分かっていません。室町時代には各種文献に登場し始め、15世紀中頃の文学作品では精進料理軍の総大将として描かれるほどの存在感を示しています。

Q.18 納豆を作るのに、一番重要な要素って？

まず一番は〈大豆選び〉だと多くのメーカーさんは考えていると思います。豆、水、菌。工程も大事ですが原材料が重要で、納豆菌も、菌によって味が本当に異なります。明治の末ごろに登場した近代納豆の製法では、単一の菌を抽出して納豆づくりが行われてきましたが、近年は納豆菌をミックスして、自然の色々な菌がいる状態に近い、重層的な味わいの納豆も登場しだして、納豆はこれから、またさらに面白くなっていきそうです。

Q.19 店頭にPOPがない場合、買うときに注目しているポイントは？

パッケージを見て、何県のメーカーさんで、どこの大豆を使っているかなどは、慣れてくると好みの納豆を見つける判断基準にできますね。「北海道産○○大豆使用」など、大豆の産地品種が書いてある納豆は、誠実なこだわりを持って作られているものばかりですので、見つけたら買いです！

Q.20 粒サイズごとの特徴が知りたい！

大粒や中粒は、豆が大きいぶん、豆の味をしっかりと楽しめます。大粒は柔らかく煮てあることが多いですね。反面、小粒や極小粒は豆が小さいぶん硬めの仕上がりが多く、歯応えが欲しい人におすすめです。

Q.21 大豆以外でも、納豆みたいになりますか？

ピーナッツの納豆も市販されてますし、とうもろこしやプロセスチーズで試したという例もあります。タンパク質が入っているものならできるのでは？

Q.22 今はない、幻の納豆って？

「土室納豆」「雪室納豆」ですね。土室納豆は土に穴を掘ってその中で焚き火して殺菌し、天然の室※を作る昔ながらの手法です。雪の中に埋めて作る「雪室納豆」は、雪の断熱性能の高さが納豆づくりに最適で、観光用として秋田と岩手の県境で一時的に復活したこともあります。

※温度・湿度が一定になるように保たれた、納豆を発酵させる部屋のこと。

Q.23 納豆によって豆の色が違うのはなぜ？

元の豆色や、製造方法の違いによっても変わります。業界の方は煮豆の白いものを「白づくり」、黒いものを「黒づくり」と呼んでおり、どうやら釜での煮方に秘密があるようです。

Q.24 使われてる大豆が変わることがあるのはなぜ？

大豆づくりが常に、害虫との闘いだからです。品種改良で強い大豆が作られても、しばらく経つと害虫も慣れて収穫量が減ってしまうので、変えざるを得ないことがあるんです。

納豆メーカー・ショップ一覧（五十音順）

●あ行

有限会社 相沢食産 P.110
〒679-2215
兵庫県神崎郡福崎町西治2-48
TEL:0790-22-7118
FAX:0790-22-3741

天草納豆 P.086
（One billion plus株式会社）
〒181-0014
東京都三鷹市野崎2-20-12
TEL:0422-77-6111
FAX:0422-77-6111

株式会社 天野屋 P.084
〒101-0021
東京都千代田区外神田2-18-15
TEL:03-3251-7911
FAX:03-3258-8959

アンドレア P.062
（下北沢クレープ アンドレア）
〒155-0033
東京都世田谷区代田6-5-26
TEL：03-3468-2597
FAX：なし

株式会社 牛若納豆 P.028
〒603-8425
京都府京都市北区紫竹下緑町51番10
TEL:075-494-0700
FAX:075-494-0710

HPなし

有限会社 碓井（うすい）商店 P.040
〒646-0029
和歌山県田辺市東陽44-1
TEL:0739-22-1382
FAX:0739-24-8286

HPなし

有限会社 大内商店 P.072
〒025-0089
岩手県花巻市豊沢町5-17
TEL:0198-23-2815
FAX:0198-23-5465

奥野食品株式会社 P.061
（まちの駅 たぬみせ納豆工房）
〒515-0063
三重県松阪市大黒田町698-3
TEL:0598-21-2096
FAX:0598-26-3585

表参道・新潟館 ネスパス P.060,064
〒150-0001
東京都渋谷区神宮前4-11-7
TEL：03-5771-7711（代）
FAX：03-5771-7712

●か行

HPなし

有限会社 かくた武田 P.078
〒038-0015
青森県青森市千刈一丁目21-5
TEL:017-781-8088
FAX:017-781-8089

HPなし

有限会社 加藤敬太郎商店 P.012
〒998-0114
山形県酒田市十里塚字村東山北73-3
TEL:0234-31-1255
FAX:0234-31-1251

金砂郷（かなさごう）食品 株式会社 P.061,062
〒313-0113
茨城県常陸太田市高柿町1183-1
TEL:0120-41-7101
FAX:0120-710-825

有限会社 金子製パン店 P.061
〒969-6584 福島県河沼郡
会津坂下町大字塔寺字大門1479
TEL：0242-83-2556
FAX：0242-83-2580

有限会社 カミノ製作所 P.044
（かみのや）
〒960-1501
福島県伊達郡川俣町山木屋字問屋32
TEL:024-563-2121
FAX:024-563-2123

有限会社 川口納豆 P.070
〒987-2306
宮城県栗原市一迫字嶋躰小原10
TEL:0228-54-2536
FAX:0228-54-2268

銀座あけぼの 銀座本店 P.061
〒104-0061
東京都中央区銀座5-7-19
TEL：03-3571-3640
FAX：03-3571-0483

佐藤食品工業有限会社 P.026
（日の出っ子フーズ）
〒899-2514
鹿児島県日置市伊集院町中川1019-1
TEL:099-273-9039
FAX:099-273-9005

株式会社 しか屋 P.076
〒890-0131
鹿児島県鹿児島市谷山港2-2-16
TEL:099-262-0710
FAX:099-261-8930

有限会社 下仁田納豆 P.016
〒370-2603
群馬県甘楽郡下仁田町馬山5910
TEL:0274-82-6166
FAX:0274-82-2409

有限会社 菅谷食品 P.014
〒198-0051
東京都青梅市友田町1-1010-1
TEL:0428-24-7010
FAX:0428-22-0272

株式会社せんだい P.060,062,102
（納豆工房せんだい屋）
〒406-0034
山梨県笛吹市石和町唐柏585-2
TEL:055-262-1170
FAX:055-262-1171

そのもの株式会社 P.062
〒810-0023 福岡県福岡市中央区
警固2-16-26 Ark M's-1 701
TEL:092-406-3221
FAX:050-3488-3232

● た行

株式会社 大豆カンパニー P.066
〒987-0022
宮城県遠田郡美里町荻埣字山王160番1
TEL:0229-35-3544
FAX:0229-35-3545

HPなし

太平納豆 株式会社 P.036
〒130-0012
東京都墨田区太平2丁目16番5号
TEL:03-3622-5608
FAX:03-3626-1507

鞍馬サンド P.062
〒510-0203
三重県鈴鹿市野村町110-4
TEL：059-380-0313
FAX：059-380-3130

有限会社 グリーン藤栄 P.088
〒520-1234
滋賀県高島市安曇川町四津川614
TEL:0740-34-1001
FAX:0740-34-0098

グリーンパール納豆本舗 P.060,062
（有限会社 大永商店）
〒989-1305
宮城県柴田郡村田町大字村田字町98
TEL:0224-83-2034
FAX:0224-83-2948

兼六園 寄観亭 P.061
〒920-0936
石川県金沢市兼六町1-21
TEL：076-221-0696
FAX：076-222-8780

こいしや食品株式会社 P.024
〒321-0411
栃木県宇都宮市宮山田町2353番地1
TEL:028-674-7800
FAX:028-674-7729

株式会社 国際米流通センター P.046
〒969-3286 福島県耶麻郡
猪苗代町大字磐根字桜川1414
TEL:0242-65-2062
FAX:0242-93-6186

株式会社小杉食品 P.062,098
（都納豆）
〒511-0931
三重県桑名市能部字花貝戸401
TEL:0594-33-3710
FAX:0594-32-5710

● さ行

有限会社 佐々木豆腐店 P.032
〒729-4304
広島県三次市三良坂町三良坂2610-16
TEL:0824-44-2662
FAX:0824-44-2118

有限会社 新庄最上有機農業者協会 P.074
納豆工房 豆むすめ
〒996-0091
山形県新庄市十日町1590
TEL:0233-32-0306
FAX:0233-32-0307

納豆BAR小金庵 P.061,108
(小金屋食品株式会社)
〒550-0001
大阪府大阪市西区土佐堀2-3-12
TEL:06-6449-3120
FAX:06-6449-3120

二豊フーズ株式会社 P.030
(原田製油有限会社)
〒879-7761
大分県大分市中戸次5679
TEL:097-597-5225
FAX:097-597-5227

は行

博多フードパーク P.063
納豆家粘ランド
〒810-0012 福岡県福岡市中央区
白金1-21-13 クレッセント薬院201号
TEL：092-524-2710
FAX：092-524-2710

社会福祉法人 **はこべ福祉会** P.054
(障害福祉サービス事業所 はこべの家)
〒919-1122
福井県三方郡美浜町松原54号1-11
TEL:0770-32-2256
FAX:0770-32-6027

はとむぎ納豆本舗 P.100
〒086-0573
北海道中川郡幕別町字途別171番地
TEL:0155-56-1779
FAX:0155-56-1779

ひげた食品株式会社 P.048
〒300-0048
茨城県土浦市田中2-9-8
TEL:029-821-8941
FAX:029-824-8175

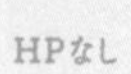

ひしや納豆製造所 P.080
〒361-0074
埼玉県行田市旭町5-5
TEL:048-556-0338
FAX:048-556-0338

株式会社 大力納豆 P.038
〒946-0035
新潟県魚沼市十日町360-6
TEL:025-792-0411
FAX:025-792-7089

タカノフーズ株式会社 P.010
〒311-3411
茨城県小美玉市野田1542
TEL:0120-081-710(直販)
TEL:0120-030-710(お客様相談室)

HPなし

株式会社 高橋商店 P.060,064
〒950-0073
新潟県新潟市中央区日の出1-2-16
TEL:025-245-6848
FAX:025-246-0396

有限会社 高丸食品 P.022
(寿納豆本舗)
〒474-0055
愛知県大府市一屋町一丁目80番地
TEL:0562-46-5025
FAX:0562-48-1205

株式会社 竹之下フーズ P.042
(高千穂工場)
〒885-0112
宮崎県都城市乙房町2467
TEL:0986-37-0637
FAX:0986-37-1030

道南平塚食品株式会社 P.096
(豆の文志郎)
〒059-0013
北海道登別市幌別町4-12-1
TEL:0120-08-7210
FAX:0143-88-1557

鳥取中央農業協同組合 P.020
(JA鳥取中央)
〒682-0867
鳥取県倉吉市越殿町1409
TEL:0858-23-3000
FAX:0858-23-3070

な行

内藤食品工業株式会社 P.050
〒051-0002
北海道室蘭市御前水町2丁目1番3号
TEL:0143-22-9345
FAX:0143-22-9347

森ノリノ P.082
〒861-1441
熊本県菊池市原4490
TEL:0968-27-1212
FAX:0968-27-1219

や行

山口食品株式会社 P.056, 106
（山口納豆）
〒563-0219
大阪府豊能郡豊能町余野532
TEL:072-739-2336
FAX:072-739-2337

有限会社 山国さきがけセンター P.061
〒601-0321
京都市右京区京北塔町宮ノ前23
TEL:075-853-0572
FAX:075-853-0582

山下食品株式会社 P.090
（山下納豆）
〒444-0941
愛知県岡崎市暮戸町字元社口九番地
TEL:0564-31-2847
FAX:0564-31-7211

株式会社ユーアンドミー P.104
（京・丹波納豆）
〒621-0013
京都府亀岡市大井町並河2丁目7-17
TEL:0771-24-8915
FAX:0771-25-4155

有限会社羊蹄食品 P.052
（なかいさんちの手造り納豆）
〒049-5605
北海道虻田郡洞爺湖町高砂町25番地
TEL:0142-76-2466
FAX:0142-76-3117

有限会社 ふく屋 P.092, 094
（納豆専門店 二代目福治郎）
〒010-0921
秋田県秋田市大町1-3-3
TEL:018-863-2926
FAX:018-863-2916

HPなし

藤原食品 P.068
〒603-8152 京都府京都市北区
鞍馬口通烏丸西入上る小山町225
TEL:075-451-0507
FAX:075-451-0507

株式会社ふれあい下妻 P.060
（福よ来い納豆）
〒304-0016
茨城県下妻市数須140番地
TEL:0296-30-5294
FAX:0296-30-5297

ま行

まちのちいさなパフェ屋さん P.062
〒483-8251
愛知県江南市大間町新町149-1
TEL：0587-53-9536
FAX：0587-53-9536

豆蔵 株式会社 P.018
〒067-0051
北海道江別市工栄町5番地7
TEL:011-385-4451
FAX:011-385-4461

マルキン食品株式会社 P.034
〒860-0823
熊本県熊本市中央区世安町380
TEL:096-325-3232
FAX:096-353-5535

有限会社 まるさ食品 P.058
（伊豆納豆）
〒414-0054
静岡県伊東市鎌田1021-1
TEL:0557-37-5758
FAX:0557-37-5208

丸真食品株式会社 P.060
（舟納豆）
〒319-3111
茨城県常陸大宮市山方477-1
TEL:0120-04-2770
FAX:0295-57-6367

監修

石井泰二 いしい・たいじ

Webサイト『納豆wiki』主宰。大手ディスプレイ企業に務めるかたわら、全国各地を訪ね、これまで実食した納豆の数は3,500種類以上。「無類の納豆好き」としてテレビ番組への出演も多数、納豆の魅力を日々発信し続けている。

納豆wiki　https://seesaawiki.jp/w/taiji141/
七転納豆（Blog）　http://blog.livedoor.jp/taiji141/

納豆ウィキはこちらから◀

協力

赤木陽介（博多フードパーク 納豆家 粘ランド）
石井久美子（七転納豆探検隊）
玉垣 亮（タマフォト）
紙舗 直（https://www.papernao.com）
納豆メーカーの皆さま

納豆くらべ

2021年8月12日　初版第一刷発行

編集：文苑堂編集部
発行者：菊地 勝男
発行所：株式会社 文苑堂

〒101-0051 東京都千代田区神田神保町 1-35
TEL：03-3291-2143（営業部）

印刷・製本：図書印刷株式会社

本書の納豆評価は、あくまでも編集部の独断と偏見によります。
納豆は温度管理や発酵具合によって変化しやすい繊細な食品ですので、
ぜひ、実際の納豆を召し上がってお楽しみください。